"十三五"高等职业教育规划教材

软交换设备开通与维护

谭　敏　编著

中国铁道出版社
CHINA RAILWAY PUBLISHING HOUSE

内 容 简 介

　　本书以工程任务为载体，通过 14 个基础、典型的工程任务，介绍以华为软交换设备 SoftX3000 为控制核心的 NGN 网络组建、硬件连接、数据规划、业务开通与调试、设备维护等知识和技能。前 2 个任务是软交换和 NGN 网络基础知识的介绍，旨在使读者全面清晰地了解 NGN 的网络架构、软交换的设计思想、NGN 协议和业务、基本和典型组网方案等。后 12 个任务介绍华为软交换设备 SoftX3000 的软硬件知识及 OAM 系统，并围绕 SoftX3000 设备对基础数据、基本业务、中继用户业务的组网和配置、设备管理和维护等方面进行介绍。本书的附录部分介绍了华为操作终端软件的常用操作方法、告警查看方法、跟踪管理和监控方法，以及 NGN 软交换实验平台的功能、相关脚本等。

　　本书内容翔实，工程性强，取材于企业工程师的工程项目，包括必需的理论和典型任务实操内容，兼顾组网、设备连接、配置和业务验证 4 个方面。

　　本书适合作为高等职业院校通信类、计算机网络类专业的教材，也可作为华为软交换系统工程维护人员的培训或技术参考书。

图书在版编目（CIP）数据

软交换设备开通与维护/谭敏编著. —北京：中国
铁道出版社，2018.8
"十三五"高等职业教育规划教材
ISBN 978-7-113-24769-0

Ⅰ.①软… Ⅱ.①谭… Ⅲ.①交换设备-配置-高等
职业教育-教材②交换设备-维修-高等职业教育-教材
Ⅳ.①TN914

中国版本图书馆 CIP 数据核字（2018）第 206442 号

书　　名：软交换设备开通与维护
作　　者：谭　敏　编著

策　　划：翟玉峰　　　　　　　　　　　　　　读者热线：（010）63550836
责任编辑：翟玉峰　彭立辉
封面设计：付　巍
封面制作：刘　颖
责任校对：张玉华
责任印制：郭向伟

出版发行：中国铁道出版社（100054，北京市西城区右安门西街 8 号）
网　　址：http://www.tdpress.com/51eds/
印　　刷：三河市宏盛印务有限公司
版　　次：2018 年 8 月第 1 版　　2018 年 8 月第 1 次印刷
开　　本：787 mm×1 092 mm　1/16　印张：10.5　字数：247 千
书　　号：ISBN 978-7-113-24769-0
定　　价：29.00 元

下一代网络（NGN）是建立在分组交换技术基础上，采用分层、开放的体系结构，容纳多种形式的信息，方便实现语音、视频、图像和数据等多种多媒体业务，开放、融合的网络体系。NGN 纵向涵盖了网络的业务（应用）层、控制层、传输层、接入层，甚至终端层面的各种下一代技术，也横向包括了固定网、移动网、互联网等各种类型的网络系统的下一代技术。NGN 的高速发展直接促进了整网的快速融合。

软交换设备是下一代网络的核心设备之一，位于网络架构中的网络控制层，是呼叫和控制的核心，在现网中广泛使用。掌握软交换设备和 NGN 网络的基础理论知识，又具备以软交换设备为核心的 NGN 网络组建、典型业务开通与网络日常管理维护技能的人才是符合当今社会需求的高技能人才。

本书以工程任务为载体，强调以工作过程为学生的主要学习手段，融教、学、做为一体，通过 4 个单元共 14 个基础、典型的工程任务，让学生"在学中做，在做中学"，培养学生从事软交换设备运行与维护工作的核心职业能力，使学生能够综合运用下一代网络的基础知识，按照 NGN 网络建设的工程规范，完成 NGN 网络的组建、业务开通配置和日常管理与维护工作，具备软交换设备开通与维护的数据规划，分析问题和解决问题的能力。

全书每个任务包括任务描述、学习目标和实验器材、知识准备、任务实施、任务验收等环节，深入浅出，通俗易懂，可操作性强，实用性强。其中，知识准备环节侧重理论知识的讲解；任务实施环节侧重技能的培养；任务验收环节给出任务验收的标准。

全书的每个任务都配备有微课和内容丰富的电子教案等配套学习资源，便于学生在信息化教学中掌握基本知识和技能。如需上述资源，可与作者联系，QQ：2447732026。

本书单元 1 软交换和 NGN 网络基础，包括电路交换和分组交换知识、NGN 网络和软交换知识 2 个任务；单元 2 基础数据配置，包括 SoftX3000 设备结构、SoftX3000 OAM 系统组网、SoftX3000 设备硬件数据配置、SoftX3000 本局和计费数据配置 4 个任务；单元 3 基本业务配置，包括 SoftX3000 与媒体网关 IAD 对接、SoftX3000 与媒体网关 AMG 对接、SoftX3000 与 SIP 终端对接、SoftX3000 IP-Centrex 业务开通、SoftX3000 局内国内、国际长途业务开通和 SoftX3000 呼叫中心业务开通 6 个任务；单元 4 中继用户业务配置，包括 SoftX3000 与 PBX 交换机对接和 SoftX3000 与 PSTN 交换机对接 2 个任务。本书可让学生在任务中学习 NGN 网络组建、硬件连接、数据规划、业务开通与调试、设备维护等知识和技能，熟悉实际岗位的工作环境及工作流程，提高与人沟通和表达的能力，培养综合职业能力。

本书教学时数建议 96 学时。

　　本书由谭敏编著，是作者多年实践教学经验和探索的总结。其间得到了深圳华为通信技术有限公司、北京金戈大通通信技术有限公司、深圳迅方技术股份有限公司等多家企业相关技术人员的大力帮助，以及作者所在院系、教研室各位领导、同事的大力支持和帮助，在此一并表示感谢。

　　由于时间仓促，编者水平有限，书中难免存在疏漏与不妥之处，恳请业内专家和广大读者批评指正。

编　者

2018 年 6 月

目 录

单元 1

→ 软交换和 NGN 网络基础

任务 1　电路交换和分组交换知识

1.1　任务描述

学习电路交换和分组交换的工作原理和特点。

1.2　学习目标和实验器材

学习完该任务，你将能够：

（1）了解交换的概念和发展历史。

（2）掌握电路交换的工作原理。

（3）掌握分组交换的工作原理。

（4）理解电路交换和分组交换各自的特点。

实验器材：无。

1.3　知识准备

1.3.1　交换的概念

交换技术是为了减少线路投资而采用的一种传递信息的方法，如图 1-1 所示。随着终端数目的增多，交换线路数目成指数型增长，不采用交换结点，网络会因投资巨大而无法实现。

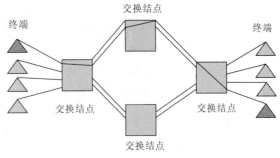

图 1-1　交换技术示意图

1.3.2　交换机的发展史

交换机的发展史如图 1-2 所示。

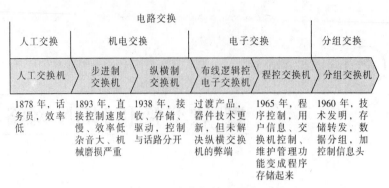

图 1-2　交换机的发展史

1.3.3　电路交换

电路交换是两个用户在相互通信时自始至终使用一个实际的物理链路，并不允许其他计算机或终端共享该链路的通信方式，如图 1-3 所示。电路交换可分类为人工交换、半自动交换、自动交换、程控模拟空分交换、程控数字时分交换。

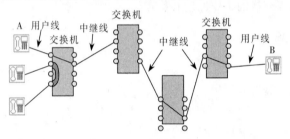

图 1-3　电路交换原理

电路交换的过程（见图 1-4）：

（1）连接建立：根据目的地址，把线路连接到目的交换机。

（2）数据传送：线路接通后，形成端对端的信息通路，双方即可通信。

（3）电路释放：通信完毕后，由一方向所属交换机发拆除线路请求，交换机拆除线路后，可供别的用户呼叫使用。

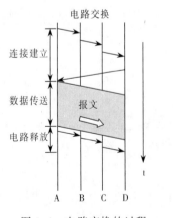

图 1-4　电路交换的过程

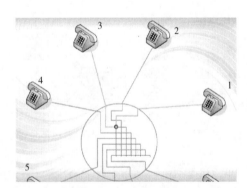

图 1-5　空分电路交换

电路交换的工作方式有：空分电路交换和时分电路交换。空分电路交换是用户在打电话时要占用一对线路，也就是要占用一个空间位置，一直到打完电话为止，如图 1-5 所示。时分电路交换是采用时分复用（TDM）技术，多用户分时隙占用同一个物理线路，如图 1-6 所示。我国常用的时分复用标准为 E1 标准，帧速率为 8 000 帧/秒，每帧 32 时隙，每时隙 1 个字节，数据传输速率为 2.048 Mbit/s，采用 PCM 编码，帧结构如图 1-7 所示。

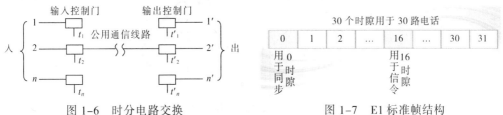

图 1-6 时分电路交换　　　　　图 1-7 E1 标准帧结构

时分电路交换的工作原理如图 1-8 所示。交换结点控制器依据生成的入、出链路时隙对应表（见表 1-1）控制用户数据的交换。

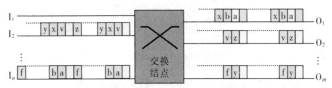

图 1-8 时分电路交换工作原理

表 1-1 控制器的入、出链路时隙对应表

入 链 路	时 隙	出 链 路	时 隙
I_2	1	O_m	2
	2	O_1	1
	3	O_2	2
	i	O_2	2
I_n	1	O_1	2
	2	O_1	3
	j	O_m	2

电路交换的优点：实时的交换方式，具有固定/专用的通信信道；时延小且确定、通信质量有保证、控制简单。

电路交换的缺点：需要呼叫建立时间；每个连接带宽固定（不能适应不同速率的业务）；资源利用率低（不传信息时也占用资源，不适合突发业务）。

1.3.4 分组交换

分组交换将传送的信息划分为一定长度的分组，并以分组为单位进行传输和交换。在每个分组中有一个分组头，包含分组的地址和控制信息，以控制分组信息的传输和交换，如图 1-9 所示。

分组交换是一种存储转发的交换技术，其存储转发过程如图 1-10 所示。它具有带宽可变、灵活，统计复用，资源利用率高，可提供速率变换，无阻塞（业务量大时时延长），可提供优先机制（动态）等优点。同时，也具有网络功能复杂、语音业务传输时延大、QoS 难以保证、可能产生附加的随机时延和丢失数据等缺点。

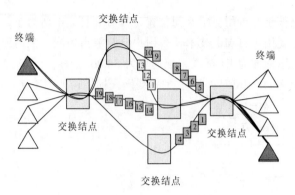

图 1-9　分组交换的工作原理

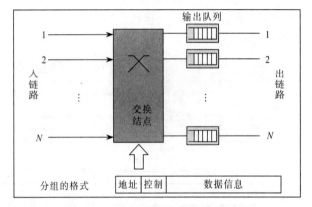

图 1-10　分组交换的存储转发过程

分组交换的工作方式有两种：一种是数据报方式；另一种是虚电路方式。

数据报方式是一种无连接方式（见图 1-11），独立地传送每一个数据分组，每一个数据分组都包含终点地址的信息，每一个结点都要为每一个分组独立地选择路由。用户通信时不需要呼叫建立和释放阶段，IP 网络中采用的是数据报方式。它的特点是①无连接方式，不建立连接；②网络对每个数据报进行选路；③通信期间路由可变；④灵活、线路利用率高；⑤时延大、控制复杂、需排序。

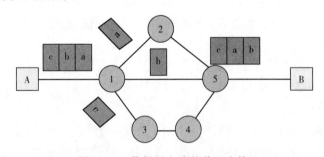

图 1-11　数据报方式的分组交换

虚电路方式是一种面向连接的方式（见图 1-12），和用户打电话的过程类似。用户在进行通信之前，需要建立逻辑上的连接。一次通信过程有呼叫建立、数据传输和资源释放 3 个过程。

具体过程：交换结点将其所有链路编号，一次通信的呼叫建立阶段，第 1 个数据包所经过每个交换结点会记录下其所经过的链路号，后续的数据都会沿着相同的结点和链路进行传输，如图 1-12 中的 X-Y-Z-M 路径。通信结束后释放这些结点、链路资源。

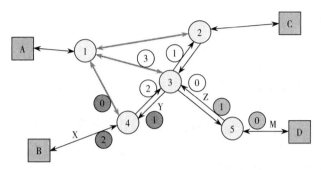

图 1-12　虚电路方式的分组交换

虚电路方式的特点：①面向连接（连接建立/拆除、数据传送、差错控制）；②与一次通信有关的全部分组沿着相同的物理通路传送；③数据传送期间路由固定；④时延小、控制简单、不需要排序，线路利用率低。

1.4　任务实施

本任务以理论学习为主，不涉及实操动手内容。

1.5　任务验收

（1）简述电路交换和分组交换各自的特点和优缺点。
（2）说出分组交换的两种工作方式的工作原理和区别。

任务 2　NGN 网络和软交换知识

2.1　任务描述

学习 NGN 网络和软交换的定义、软交换的设计思想、NGN 网络的四层体系结构；学习 NGN 组网简介，了解各层的典型设备及功能；学习 NGN 网络所采用的协议和所提供的业务；学习 NGN 网络的 3 种基本组网方式和几种典型组网应用。

2.2　学习目标和实验器材

学习完该任务，你将能够：
（1）了解 NGN 所产生的背景。
（2）知晓 NGN 和软交换的定义，掌握软交换的设计思想。
（3）掌握 NGN 的四层体系结构，熟悉华为 NGN 各层设备及其功能。
（4）掌握 NGN 网络所采用协议的类型及各类中的常用协议。
（5）掌握 NGN 所提供的业务。
（6）理解 NGN 3 种基本组网结构和特点，理解 NGN 几种典型的组网方式。
实验器材：无。

2.3 知识准备

2.3.1 NGN 产生的背景

各领域技术飞速发展，需要有一个灵活架构来构建新一代通信网络，降低运营成本。

体验高品质信息生活的用户需求，以及微电子技术、光传输容量、移动通信技术和 IP 技术的高速发展及实践，驱动了以 IP 网为核心，统一承载语音、数据、视频业务的三网融合实践。NGN（下一代网络）应运而生。

NGN 作为电信级、可管理、可运营的 IP 业务架构，得到全球认可，实际应用最早从企业网开始，并扩展到运营商网络。

2.3.2 NGN 网络的定义和特点

NGN 网络的广义定义是指下一代融合网，泛指大量采用新技术，以 IP 为中心，同时支持语音、数据和多媒体业务，实现用户之间的业务互通及共享的融合网络。NGN 网络包含下一代传送网、下一接入网、下一代交换网、下一代互联网和下一代移动网。

NGN 网络的狭义定义是指以软交换设备为控制核心，能够实现语音、数据和多媒体业务的开放式分层体系架构。

NGN 网络将采用开放式网络架构；采用分层体系结构：媒体接入层、核心交换层、网络控制层、业务管理层，控制与连接分离；NGN 承载网趋向于采用统一的 IP 协议实现业务融合；NGN 网络是基于统一协议的网络；同时支持语音、数据、视频等多种业务；接入和覆盖均具有优势；建设成本和维护成本低。

2.3.3 软交换的定义和特点

软交换的概念最早起源于美国企业网应用。在企业网络环境下，用户可采用基于以太网的电话，再通过一套基于 PC 服务器的呼叫控制软件，实现 PBX 功能（IP PBX）。

受到 IP PBX 成功的启发，将传统的交换设备部件化，分为呼叫控制与媒体处理。呼叫控制实际上是运行于通用硬件平台上的纯软件；媒体处理将 TDM 转换为基于 IP 的媒体流。

Soft Switch（软交换）技术应运而生。由于这一体系具有伸缩性强、接口标准、业务开放等特点，发展极为迅速，成为了 NGN 的核心技术。

工业和信息化部给软交换的定义：网络演进以及下一代分组网络的核心设备之一。它独立于传送网络，主要完成呼叫控制、资源分配、协议处理、路由、认证、计费等主要功能，同时可以向用户提供现有电路交换机所能提供的所有业务，并向第三方提供可编程能力。

软交换技术的特点：基于分组、开放的网络结构，业务与呼叫控制相分离，与网络分离，业务与接入方式分离，快速提供新业务。

2.3.4 NGN 网络的体系结构

软交换网络体系结构（见图 2-1）分为四层，包括边缘接入层、核心交换层、网络控制层、业务管理层。

（1）边缘接入层主要是指与现有网络相关的各种网关和终端设备，完成各种类型的网络或终端到核心层的接入，完成媒体处理的转换作用。

（2）核心交换层是一个基于 IP/ATM 的分组交换网络。

（3）网络控制层是整个软交换网络架构的核心，主要指软交换控制设备。

（4）业务管理层用于在呼叫建立的基础上提供附加的增值业务以及运营支撑功能。

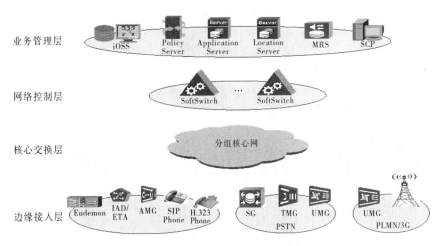

图 2-1　NGN 的四层体系结构

2.3.5　华为 NGN 解决方案

华为公司提供了一整套 NGN 网络的解决方案。

边缘接入层设备（见图 2-2）通过各种接入手段将各类用户或终端连接至网络，并将其信息格式转换成为能够在网络上传递的信息格式。

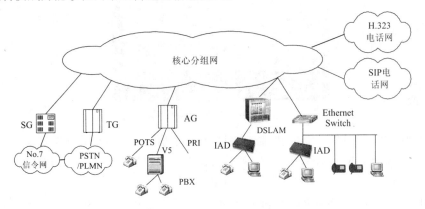

图 2-2　边缘接入层设备

（1）TMG（Trunk Media Gateway）：中继媒体网关，是位于电路交换网与 IP 分组网之间的网关，主要完成 PCM 信号流与 IP 媒体流之间的格式转换。

（2）AMG（Access Media Gateway）：接入媒体网关用于为各种用户提供多种类型的业务接入（如模拟用户接入、ISDN 用户接入、V5 用户接入、xDSL 接入等），如华为的 UA5000。

（3）IAD（Integrated Access Device）：综合接入设备，属于 NGN 体系中的用户接入层设备，用于将用户终端的数据、语音及视频等业务接入到分组网络中。

（4）SIP Phone：SIP 电话，一种支持 SIP 协议的多媒体终端设备。

（5）UMG（Universal Media Gateway）：通用媒体网关，主要完成媒体流格式转换与信令转换功能，具有 TMG、内嵌 SG、UA 等多种用途，可用于连接 PSTN 交换机、PBX、接入网、基站控制器等多种设备。

（6）SG（Signaling Gateway）：信令网关，是连接 No.7 信令网与 IP 信令网的设备，主要完成 PSTN 侧的 No.7 信令与 IP 网侧的分组信令的转换功能。

（7）MTA（Media Terminal Adapter）：媒体终端适配器，是一种支持 NCS（Network- Based Call Signaling）协议的用户接入层设备，用于将用户终端的数据、语音及视频等业务通过有线电视网络接入 IP 分组网络中。

核心交换层设备（见图 2-3）采用分组技术，主要由骨干网、城域网各设备（如路由器、三层交换机等）组成。

S2700-24-AC

S5700

AR1200

图 2-3　核心交换层设备

网络控制层实现呼叫控制，其核心技术采用软交换技术，用于完成基本的实时呼叫控制和连接控制功能，如华为 SoftSwitch（SoftX3000），如图 2-4 所示。

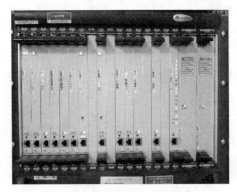

图 2-4　华为 SoftX3000 设备

业务管理层用于在呼叫建立的基础上提供附加的增值业务以及运营支撑功能。

（1）MRS（Media Resource Server）：媒体资源服务器，用于提供基本和增强业务中的媒体处理功能，如华为公司的 MRFP6600、MRS6100。

（2）iOSS（integrated Operation Support System）：综合运营支撑系统，包括统一管理 NGN 设备的网管系统和融合计费系统。

（3）PS（Policy Server）：策略服务器，用于管理用户的 ACL（Access Control List）、带宽、流量、QoS 等方面的策略。

（4）LS（Location Server）：位置服务器，用于动态管理 NGN 内各软交换设备之间的路由，指示电话目的地的可达性。

（5）SCP（Service Control Point）：业务控制点，是传统智能网的核心构件，用于存储用户数据和业务逻辑。

2.3.6　NGN 网络所采用的协议

NGN 网络是基于统一协议的网络，按照协议的功能可分为信令传输协议、承载控制协议、呼叫控制协议、应用支持协议四类，如图 2-5 所示。

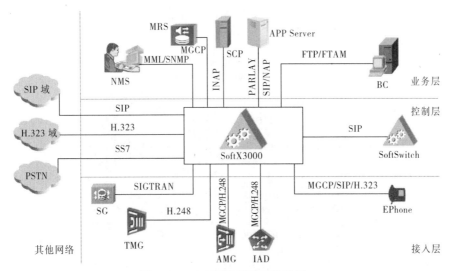

图 2-5 NGN 网络所采用的协议

信令传输层协议为 SoftX3000 提供信令传输业务，如 SIGTRAN 协议。

承载控制协议是一种主从协议，用于媒体网关控制器（MGC）控制媒体网关（MG），如 H.248 协议、MGCP 协议。

呼叫控制协议用于控制呼叫过程建立、接续、中止的协议。SoftX3000 使用的呼叫控制协议包括 SS7 的 ISUP、SIP 和 H.323。SIP 和 H.323 用于 VoIP 域、多媒体会议中的呼叫控制，ISUP 用于电路交换网的呼叫控制。

应用支持协议包括 PARLAY、SIP、INAP、MAP、LDAP、RADIUS、TRIP、SNMP、COPS 等。

2.3.7 NGN 网络所提供的业务

NGN 网络提供三类主要业务：语音业务、多媒体业务和 IP-Centrex 业务。

NGN 提供的语音业务包括基本语音业务和补充业务。基本业务提供全面兼容 PSTN 的基本业务和补充业务，包括基本语音业务、补充业务、传真业务和 ISDN 业务等。多媒体终端可支持的补充业务包括缩位拨号、按时间段前转、无条件呼叫前转、无应答呼叫前转、主叫线识别提供和主叫线识别限制等。

NGN 提供的多媒体业务包括点对点通信和视频会议业务。点对点业务提供即时消息、视频通话、文件传输、应用共享、电子白板和内容发布等。视频会议支持视频和音频会议。

NGN 提供的 IP-Centrex 业务包括基本业务和补充业务。基本业务有群内呼叫、出群呼叫、基本呼叫、群内分组、紧急呼叫、区别振铃等。IP-Centrex 用户特有的补充业务包括同群共享的缩位拨号、群外来话的呼叫前转、呼叫前转话台、群内呼叫前转、群内呼叫转移、同组代答和专线呼叫等。

2.3.8 NGN 软交换基本组网

NGN 有 3 种基本组网方式：第一种是端局组网；第二种是汇接局组网；第三种是多媒体组网。

1. 端局组网

SoftX3000 可以用作传统 PSTN 网络的 C5 局（端局，见图 2-6）与下列设备对接：RSP（Remote Subscriber Processor）设备、V5 接入设备、PBX（Private Branch Exchange）与 NAS（Network Access Server）设备。

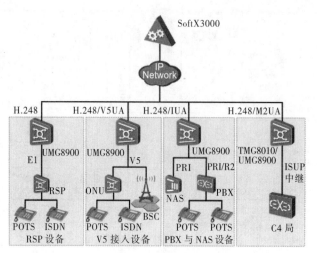

图 2-6　端局组网方案

SoftX3000 支持下列 PSTN 信令：MTP（Message Transfer Part）、ISUP（Integrated Services Digital Network User Part）、R2、V5.2、DSS1(PRA)。

2．汇接局组网

SoftX3000 与华为公司的 UMG8900、SG7000 等产品配合组网时，可用作传统 PSTN 网络的 C4 局（汇接局，见图 2-7）。

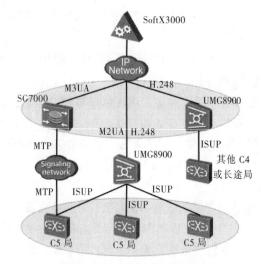

图 2-7　汇接局组网方案

SoftX3000 支持下列信令传输适配协议：M2UA（SS7 MTP2-User Adaptation Layer）、V5UA（V5 User Adaptation Layer）、IUA（ISDN Q.921-User Adaptation Layer）等。

SoftX3000 支持 M2UA、M3UA、ISUP 等信令与协议，并支持子路由组选路。SoftX3000 与 C5 局交换机的对接有两种组网方式：

（1）当采用 M2UA 协议时，华为公司的中继媒体网关 UMG8900 具有内置信令网关功能，SoftX3000 可只通过 UMG8900 与 C5 局交换机对接。该组网最大的特点是网络建设成本低廉。

（2）当采用 M3UA 协议时，SoftX3000 通过 UMG8900、SG7000 与 C5 局交换机对接，其中，UMG8900 完成媒体流转换功能，SG7000 完成信令转换功能。

3．多媒体组网

SoftX3000 支持 SIP 协议，提供 SIP Server 的功能，可实现多媒体终端的接入；SoftX3000 也支持 MGCP（包括 NCS 和 TGCP）协议、H.248 协议，可实现语音媒体网关的接入，如图 2-8 所示。

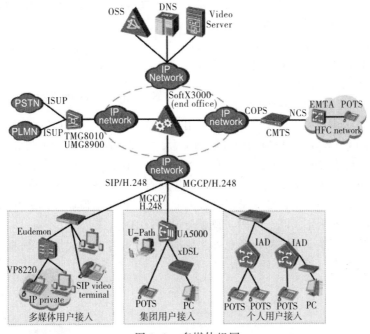

图 2-8　多媒体组网

NGN 组网方式的前两种是公共交换固话网和移动网的演进方式，后一种是为 NGN 的多媒体终端用户提供点对点视频、视频多方会议等多媒体服务和语音服务。

2.3.9　NGN 软交换典型组网

下面介绍 3 种典型的 NGN 组网方式：双归宿组网、小区组网、企业组网。

SoftX3000 提供两种双归属组网方案：主备方式和负荷分担方式，如图 2-9 所示。

主备用方式相当于"1＋1 热备份"，组网比较简单，两个 SoftX3000 的配置数据具有规律性，数据规划、配置与维护简单，改造和维护成本较低。需要接入层设备支持双归属机制，组网实施不易实现全网覆盖。

负荷分担方式相当于"1:1 热备份"，组网比较复杂，两个 SoftX3000 的数据配置不具有规律性，数据规划、配置与维护复杂，改造和维护成本较高。需要接入层设备支持双归属机制，组网实施不易实现全网覆盖。由于端局会经常进行数据调整，数据一

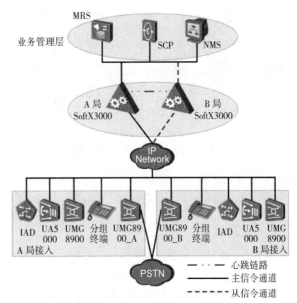

图 2-9　负荷分担方式的双归宿组网

致性同步频繁，风险较大，不推荐端局采用负荷分担方式双归属组网。

下面介绍两种小区组网方案：

第一种 SoftX3000+接入网关，如图 2-10 所示。网关提供 Z 口、BRI 接口、PRI 接口、ADSL 接口、V5 接口等接入方式。该方案主要针对普通住宅小区，特点是满足用户的语音业务需求，满足部分用户的宽带通信需求，组网简单、灵活，可根据小区用户对各种业务的需求量来灵活配置接入网关的用户接口板卡。

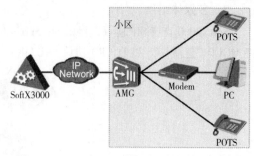

图 2-10　SoftX3000+接入网关小区组网方案

第二种是 SoftX3000+IAD+SIP 终端，如图 2-11 所示。IAD 设备可以提供多种类型的用户接口，如以太网接口以及语音数据的综合接口等；SIP 终端可与 SoftX3000 应用服务器相配合，完成语音、数据和视频等业务。该方案主要针对楼宇内有综合布线系统的小区，具有如下特点：满足用户的语音业务需求，满足用户对宽带数据业务的需求，满足用户对多媒体、用户自定义业务的需求，提供基本业务，如 PSTN 业务、IN 业务、拨号上网业务、宽带接入业务等，提供增值业务，如单击拨号、主叫号码呼叫前转、语音聊天室、统一号码、视频会议、VOD 等。

企业组网需要解决企业用户对语音业务和数据业务同时存在的大量需求，提供 SoftX3000 为主体的综合解决方案，如图 2-12 所示。

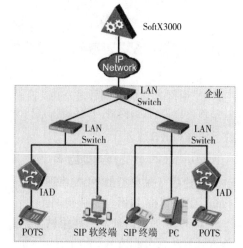

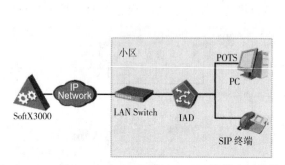

图 2-11　SoftX3000+IAD+SIP 终端小区组网方案　　　图 2-12　企业组网方案

2.4　任务实施

本任务是以理论学业习为主，不涉及实操动手内容。

2.5　任务验收

（1）正确说出 NGN 和软交换的定义。

（2）画出 NGN 网络的四层体系结构。

（3）列举 NGN 网络各层的典型设备及大致功能。

（4）列举 NGN 网络所采用的协议的种类及所包括的协议。

（5）列举 NGN 物理所提供的业务。

（6）理解 NGN 三种基本组网和几种典型的组网应用。

单元 ②

→ 基础数据配置

任务 3　SoftX3000 设备结构

3.1　任务描述

学习 SoftX3000 设备的硬件结构、软件结构、终端系统结构。

3.2　学习目标和实验器材

学习完该任务，你将能够：

（1）掌握 SoftX3000 硬件的物理结构和逻辑结构。

（2）了解 SoftX3000 的软件系统结构。

（3）掌握 SoftX3000 终端系统的构成。

实验器材：SoftX3000 设备、BAM 服务器、IGWB 服务器。

3.3　知识准备

3.3.1　设备的硬件结构

SoftX3000（见图 3-1）采用 OSTA（Open Standards Telecom Architecture Platform）平台作为硬件平台。机框 19 英寸（1 英寸=2.54 cm）宽、9U（1U=4.445 cm）高，机框有 21 个槽位，前后插板结构，统一后出线。前插板有业务板、系统管理板、告警板、电源板（前后均可安装），后插板有接口板、以太网通信板、电源板（前后均可安装）。

SMUI、SIUI、HSCI、ALMI、UPWR 为固定配置，占用 9 个标准单板插槽的宽度，剩余的 12 个插槽则用于安装业务板和接口板，如图 3-2 所示。

SoftX3000 硬件体系结构可分为以下三部分：

（1）业务处理子系统（又称"主机"或"前台"）：主要完成业务处理、资源管理等功能。

（2）维护管理子系统（又称"后台"）：主要完成操作维护、话单管理等功能。

图 3-1　华为 SoftX3000 设备

此系统包括 BAM（后台管理模块）、WS（工作站），用于操作维护；iGWB 用于话单管理。

（3）环境监控子系统：由电源模块监控、风扇监控模块和每个机柜的配电框监控模块组成。

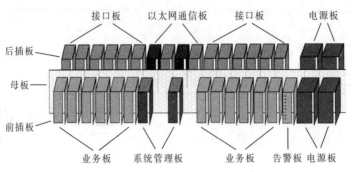

图 3-2　OSTA 机框总体结构示意图

SoftX3000 硬件依据运行处理的数据来分类，可为操作面（维护面）、控制面（信令面）、用户面（媒体面）3 个面。

SoftX3000 硬件逻辑结构如图 3-3 所示。

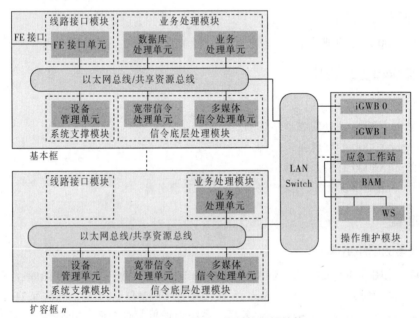

图 3-3　SoftX3000 的硬件逻辑结构

（1）线路接口模块：主要用于提供满足系统组网需求的各种物理接口，包括 FE 接口等。

（2）信令底层处理模块：主要用于提供信令或协议的底层处理功能，如 MTP、SIGTRAN、TCP/UDP、H.248/ MGCP 等协议的处理。

（3）系统支撑模块（设备管理单元）：主要用于实现软件加载、数据加载、设备管理、设备维护、板间通信、框间通信等功能。

（4）操作维护模块：由 BAM、iGWB、WS 等设备构成，负责提供人机接口、网管接口、计费接口等维护管理接口，主要完成操作维护、话单管理等功能。

（5）业务处理模块：主要作用是完成业务特性所需要的 3 层及以上高层协议（如 TUP、ISUP、MAP 等）的处理；提供应用层的呼叫控制功能，并完成业务的逻辑；提供中心数据库功能，存储集中式的资源数据（局间中继资源、上下文及终端动态表、MGW 资源描述表等），为业务处理提供呼叫资源的查询服务。

3.3.2　SoftX3000 设备的软件结构

SoftX3000 的软件系统由主机软件和后台软件（终端 OAM 软件）两大部分组成，如图 3-4 所示。

主机软件是指运行于 SoftX3000 主处理机上的软件，主要用于实现信令与协议适配、呼叫处理、业务控制、计费信息生成等功能，并与终端 OAM 软件配合，响应维护人员的操作命令，完成对主机的数据管理、设备管理、告警管理、性能统计、信令跟踪、话单管理等功能。

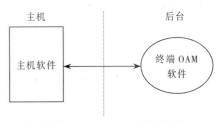

图 3-4　SoftX3000 的软件结构

后台软件（终端 OAM 软件）是指运行于 BAM、iGWB 以及工作站上的软件，它与主机软件配合，主要用于支持维护人员完成对主机的数据管理、设备管理、告警管理、性能统计、信令跟踪、话单管理等功能。

终端 OAM 软件采用客户机/服务器模型，主要由 BAM 服务器软件、计费网关软件和客户端软件三部分组成。

BAM 服务器软件运行在 BAM 中，集通信服务器与数据库服务器于一体，负责将来自各工作站的操作维护命令转发到主机，并将主机的响应或操作结果定向到相应的工作站上，是终端 OAM 软件的核心。BAM 服务器软件作为数据库平台，通过多个并列运行的业务进程（如维护进程、数据管理进程、告警进程、性能统计进程等）来实现终端 OAM 软件的主要功能。

计费网关软件运行于 iGWB 之上，是话单管理系统的核心部件，主要负责将 SoftX3000 各个业务处理模块（即 FCCU 模块）产生的话单保存和备份到物理磁盘上，作为计费中心计费的依据，并向计费中心提供计费接口（支持 FTP 协议或者 FTAM 协议）。

3.3.3　SoftX3000 设备的终端系统结构

SoftX3000 的终端系统软件包括本地维护系统（BAM、WS 和通信网关）、计费网关系统和网管系统三部分，如图 3-5 所示。

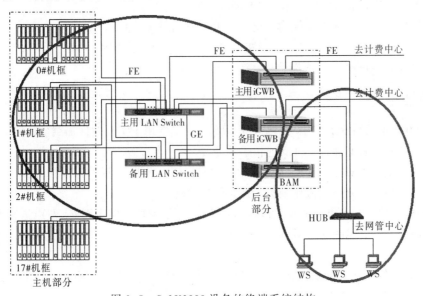

图 3-5　SoftX3000 设备的终端系统结构

3.4 任务实施

参照设备实物了解设备结构。

3.5 任务验收

（1）简述软交换设备硬件物理结构，并说明各部分的功能。

（2）画出软交换设备的硬件逻辑结构图。

（3）软交换设备软件包括哪两个部分，分别安装在哪里？

任务 4 SoftX3000 OAM 系统组网

4.1 任务描述

学习 SoftX3000 OAM 系统的组网规划方法，在指导下完成 NGN 实验室的 OAM 系统组网设计和连接。具体要求：①SoftX3000 与 BAM、iGWB 服务器间采用交换机实现双备份网络连接（简称网络 1）；②WS（工作站）和 BAM 服务器、IGWB 服务器采用交换机实现网络连接，WS 的数量为 22 台学生机和 1 台教师机（简称网络 2）。

在网络设计方案上突出双备份组网设计，通过 SoftX3000 与 BAM、iGWB 服务器间、BAM、iGWB 服务器与 WS 工作站间组网设计的任务，让学生在实际项目中学习 SoftX3000 操作面的组网方法，加深学生对 SoftX3000 设备管理单元与终端 OAM 系统互联方式、方法的认识和理解。

4.2 学习目标和实验器材

学习完该任务，你将能够：

（1）掌握 SoftX3000 设备管理单元与 BAM 和 iGWB 组网的方法。

（2）掌握 BAM 和 iGWB 与工作站 WS 间的组网方法。

（3）通过组员间相互协作加强沟通交流能力，形成团队精神。

实验器材：SoftX3000、3 个二层交换机（24 口）、3 个三层交换机（24 口）、BAM、IGWB、22 台学生机、1 台教师机、网线若干。

4.3 知识准备

SoftX3000 设备的系统支撑模块（设备管理单元）主要用于实现软件加载、数据加载、设备管理、设备维护、板间通信、框间通信等功能。

后台管理模块由 BAM、iGWB、WS 等设备构成，负责提供人机接口、网管接口、计费接口等维护管理接口，主要完成操作维护、话单管理等功能。

SoftX3000 与后台管理模块的互联包括相对独立、不同网段的两个网络。左边是 SoftX3000 与 BAM、iGWB 服务器间的互联网络；右边是 WS 和 BAM 服务器、iGWB 服务器互联网络，请见图 3-5。

SoftX3000 设备系统管理板的接口和板间互联情况如图 4-1 所示。图中的 17 口、27 口为 SoftX3000 与后台管理设备连接的主/备以太网口。

实验室中，为节省资源，将 BAM 服务器和 iGWB 服务器配置为双功能机。详细地说，由 BAM 服务器承担主 BAM 服务器和备用 iGWB 服务器两个功能，由 iGWB 服务器承担主 iGWB 服务器和应急工作站两个功能。

BAM 服务器和 iGWB 服务器后面板网卡各插槽号如图 4-2 所示。其中 BAM 服务器的 1，2 口作为主 BAM 服务器网口，3、4 口作为备用 iGWB 服务器网口，5 口作维护网口，6 口备用。iGWB 服务器的 1、2 口作为主 iGWB 服务器网口，3、4 口作为应急工作站网口，5 口作维护网口，6 口备用。

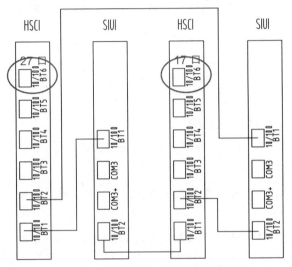

图 4-1 系统管理接口板和板间互联情况

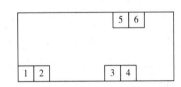

图 4-2 BAM 和 iGWB 服务器后面板网卡插槽号

SoftX3000 操作维护面的组网简图如图 4-3 所示。在实验室环境下，LAN SWITCH0 和 LAN SWITCH 1 可以采用同一个交换机的两个 VLAN 来替代。

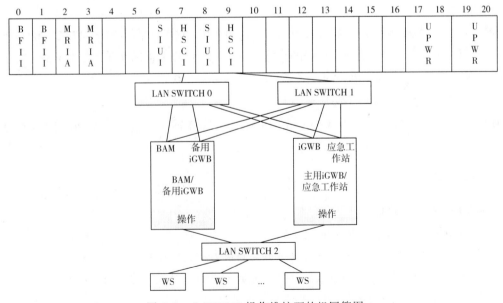

图 4-3 SoftX3000 操作维护面的组网简图

4.4　任务实施

4.4.1　工作步骤

每组 2～3 人，根据任务要求，确认以下内容，为任务实施做准备：

（1）选择合适的交换机设备。二层交换机或者三层交换机。

（2）根据设备 IP 地址规划，研究讨论，确定 VLAN 划分，设备互联组网方案等内容，最终选出最佳方案进行项目实施。

组内成员互相沟通交流，分工合作，顺利完成项目实施任务。最后与实验室实际组网方案对比，取长补短。

4.4.2　设备规划示例

（1）采用一台二层交换机，划分 2 个 VLAN，做 SoftX3000 系统与 BAM 服务器和 iGWB 服务器间的双备份连接。

（2）采用一台 24 口的二层交换机实现 23 台操作终端机的互联。

（3）采用一台二层交换机，实现操作终端与 BAM 服务器和 iGWB 服务器间的互联。

4.4.3　IP 规划示例

SoftX3000 系统管理相关接口板的 17 口，IP 地址规划为 172.30.200.2，27 口 IP 地址规划为 172.20.200.2。注：该 IP 地址为厂商推荐设置。

BAM 服务器：1～5 口 IP 地址分别规划为 172.30.200.1、172.20.200.1、130.1.2.2、130.1.3.2、192.168.1.100。

iGWB 服务器：1～5 口 IP 地址分别规划为 172.30.200.2、172.20.200.2、130.1.3.1、130.1.2.1、192.168.1.4。

WS 的 IP 地址规划，学生机地址规划为 192.168.1.201～192.168.1.222，教师机地址规划为 192.168.1.224。

如上所述，一共规划了 5 个网段，其中 172.30.200.0/16（这里称平面 1）和 172.20.200.0/16（这里称平面 2）两个网段，实现 SoftX3000 与 BAM、iGWB 服务器间互联，互为主备网段。192.168.1.0/24 网段，实现 WS 和 BAM 服务器、iGWB 服务器互联。

4.4.4　VLAN 规划示例

规划 2 个 VLAN：VLAN10 和 VLAN20，VLAN10 用于平面 1 连接，VLAN20 用于平面 2 连接。

4.5　任务验收

（1）设备选择是否最优。

（2）设备互联组网功能是否合理、完备。

① 是否看懂并理解了实验室组网方案，并与自己方案进行比对。

② 小组演示工作成果，并派代表陈述项目完成的思路、经过和遇到的问题等。

（3）验收过程中，随机提出问题，小组成员回答。

任务 5 SoftX3000 设备硬件数据配置

5.1 任务描述

本任务通过给出 SoftX3000 的硬件数据规划和练习指导步骤，让学生在工程项目中学习设备硬件数据的配置方法，能最终自主完成项目任务。硬件数据配置是 SoftX3000 设备基本数据配置中的重要组成部分，可加强学生对 SoftX3000 硬件系统的理解与应用能力，也是对华为 LMT 软件和 e-Bridge 软件常用操作维护方法的初步学习。

本任务要求完成 SoftX3000 的硬件数据配置，具体如下：

（1）根据硬件数据规划，正确完成 SoftX3000 的硬件数据配置。

（2）硬件数据加载后，各单板运行正常，无告警。

5.2 学习目标和实验器材

学习完该任务，你将能够：

（1）能读懂硬件数据配置项目的任务书，理解、明确任务要求。

（2）掌握华为本地维护终端软件和 e-Bridge 软件常用的操作，常用操作说明详见附录 A，B。

（3）掌握 SoftX3000 硬件数据配置的流程、命令和相关注意事项。能根据硬件数据规划，完成硬件数据配置和调测。

（4）能够进行项目完成情况的评价。

（5）通过组员间相互协作加强沟通交流能力，形成团队精神。

实验器材：SoftX3000 设备、BAM 服务器、二层交换机、三层交换机、华为 LMT 本地终端维护软件、e-Bridge 软件、Visio 软件、计算机等。

5.3 知识准备

5.3.1 机框的槽位布置

SoftX3000 OSTA 机框设计为 21 个标准单板插槽的宽度，对应的槽位依次编号为 0～20，其中，前插板按照从左到右的顺序进行编号，后插板则按照从右到左的顺序进行编号（以保持与前插板的对应关系）。单板槽位分布如图 5-1 所示。

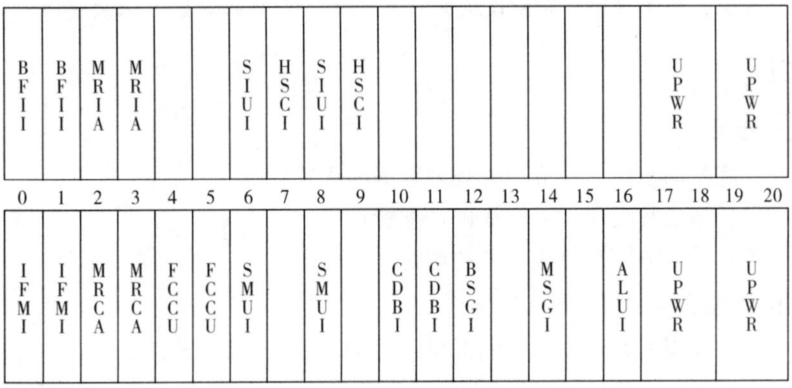

0	1	2	3	4	5	6	7	8	9	10	11	12	13	14	15	16	17	18	19	20
BFII	BFII	MRIA	MRIA			SIUI	HSCI	SIUI	HSCI								UPWR		UPWR	
IFMI	IFMI	MRCA	MRCA	FCCU	FCCU	SMUI		SMUI		CDBI	CDBI	BSGI		MSGI		ALUI	UPWR		UPWR	

图 5-1 SoftX3000 单板槽位分布图

SoftX3000 单板槽位的关系如表 5-1 所示。

表 5-1 SoftX3000 单板槽位关系

单　　板	所 属 框	单 板 位 置	前后对插关系
FCCU	基本框、扩展框	前插板（0～5、10～15 槽位）	无
IFMI	基本框	前插板（0～5、10～15 槽位）	成对使用
BFII	基本框	后插板	
SMUI	基本框、扩展框	前插板（6、8 槽位）	成对使用
SIUI	基本框、扩展框	后插板（6、8 槽位）	
MRCA	媒体资源框	前插板（0～5、10～15 槽位）	成对使用
MRIA	媒体资源框	后插板	
BSGI	基本框、扩展框	前插板（0～5、10～15 槽位）	无
MSGI	基本框、扩展框	前插板（0～5、10～15 槽位）	无
CDBI	基本框	前插板（0～5、10～15 槽位）	无
ALUI	基本框、扩展框	前插板（16 槽位）	无
UPWR	基本框、扩展框	前、后插板（17～20 槽位）	无
HSCI	基本框、扩展框	后插板（7、9 槽位）	无

5.3.2　单板的模块号

单板的模块号根据单板的类型从 2 开始编号，每块单板（主备用单板看成是一块单板，并具有相同的模块号）具有唯一的模块编号。其编号规则如下：

（1）SMUI 板的模块号：2～21（系统自动分配）。

（2）FCCU 板的模块号：22～101。

（3）CDBI 板的模块号：102～131。

（4）IFMI 板的模块号：从 132 递增至 135。

（5）BSGI 板的模块号：从 136 递增至 211。

（6）MSGI 板的模块号：从 211 递减至 136。

（7）MRCA 板的模块号：从 212 递增至 247。

注意：BSGI 板和 MSGI 板模块号的范围是重叠的，在手工配置模块号时，BSGI 板的模块号从 136 开始分配，依次递增。MSGI 板的模块号从 211 开始分配，依次递减。

5.4　任务实施

5.4.1　工作步骤

（1）按照配置练习的步骤，完成硬件规划数据的配置练习。

（2）根据实操任务的数据规划，完成硬件配置任务。

（3）按照调测指导的方法，完成任务的调测。

5.4.2　硬件数据规划

硬件数据规划需要规划好主要单板的框号、槽号以及模块号。下面是为练习规划的数据。

（1）本练习中配置一个机架，机架号为 1，场地号为 0，机架的行号 0，列号 0。该机架上只配置一个基本框 0，它位于 2 号框位置，其设备配置面板图如图 5-2 所示。

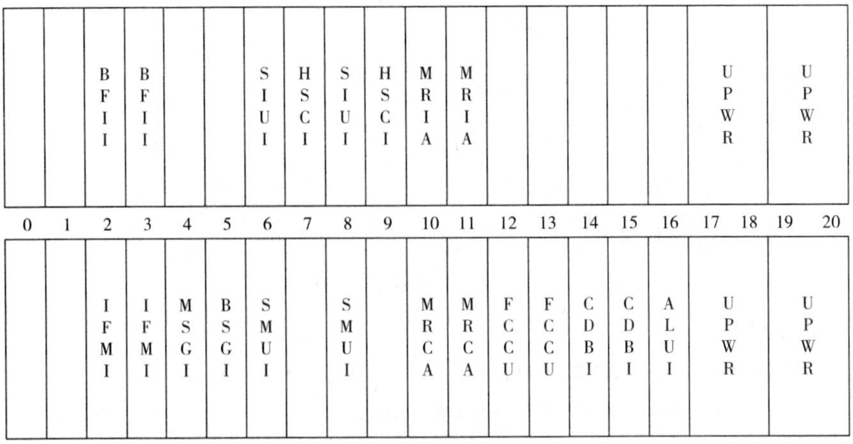

图 5-2　SoftX3000 的设备配置面板图

（2）各单板的基本信息如表 5-2 所示。

表 5-2　各单板的基本信息

框号/槽位	单板位置	单板类型	主备用标志	单板模块号
0 / 2	前插板	IFMI	主用	134
0 / 3	前插板	IFMI	主用	135
0 / 10	前插板	MRCA	主用	230
0 / 11	前插板	MRCA	备用	230
0 / 12	前插板	FCCU	主用	30
0 / 13	前插板	FCCU	备用	30
0 / 14	前插板	CDBI	主用	130
0 / 15	前插板	CDBI	备用	130
0 / 5	前插板	BSGI	独立运行	140
0 / 4	前插板	MSGI	主用	200

（3）FE 端口的 IP 地址为 192.168.2.5/255.255.255.0，网关为 192.168.2.1，以太网配置 100 Mbit/s，全双工，ARP 探测。

（4）增加中央数据库功能，选以下项：LOC、TK、MGWR、BWLIST、IPN、DISP、SPDNC、RACF、UC、KS、PRESEL。

5.4.3　配置练习

介绍配置中各命令及相关参数。

1. 执行脱机操作

（1）打开华为 LMT 软件，登录 BAM 服务器。如果具备 e-Bridge 软件实验环境，则按照附录 B 的（1）～（8）步登录本地 BAM 服务器。在命令输入栏（具体可参考附录 A，本地维护终端软件界面）输入 LOF 命令，单击"执行"按钮，执行脱机，如图 5-3 所示。本书以下单元配置步骤只给出命令和命令的功能说明，操作方法如无特殊说明均同此步骤。

图 5-3　脱机操作

（2）输入 SET FMT 命令，关闭格式转换开关，如图 5-4 所示。

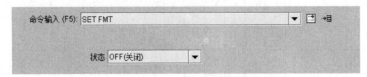

图 5-4　关闭格式转换开关

2. 配置硬件数据

（1）输入 ADD SHF 命令，增加机架，机架号为 1，如图 5-5 所示。

图 5-5　增加机架

说明：由于本实例中的综合机柜只配置一个基本框，而基本框的框号固定为 2，因此，命令中的 PDB location 参数只能设为 2，即该机架的 PDB（配电盒）由基本框控制。

（2）输入 ADD FRM 命令，增加机框，框号为 0，在机架中的位置号为 2，如图 5-6 所示。

图 5-6　增加机框

说明：对于综合配置机柜中的基本框而言，其机框号固定为 0，在机架中的位置号固定为 2。

（3）输入 ADD BRD 命令，增加单板，共添加 7 块单板，其中，辅助单板的槽位为相邻槽位，如图 5-7～图 5-13 所示。

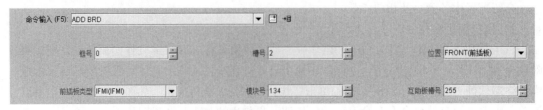

图 5-7　增加单板 IFMI，模块号 134

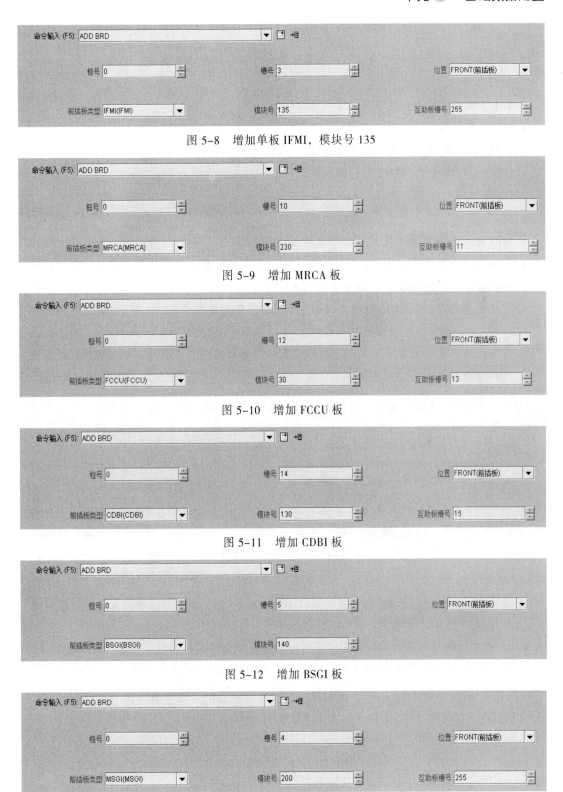

图 5-8 增加单板 IFMI，模块号 135

图 5-9 增加 MRCA 板

图 5-10 增加 FCCU 板

图 5-11 增加 CDBI 板

图 5-12 增加 BSGI 板

图 5-13 增加 MSGI 板

说明：

- 非主备板，互助槽位号为 255。主备板模块号相同，仅添加主板、互助槽位号填备板的槽位号。
- SMUI 板的模块号：建议从 2 递增至 21。
- FCCU 板的模块号：建议从 22 递增至 101。
- CDBI 板的模块号：建议从 102 递增至 131。
- IFMI 板的模块号：建议从 132 递增至 135。
- BSGI 板的模块号：建议从 136 递增至 211。
- MSGI 板的模块号：建议从 211 递减至 136。
- MRCA 板的模块号：建议从 212 递增至 247。
- BSGI 板一般配置为负荷分担的方式，即一块单板配置一个模块号，因此，命令中的 Assistant slot number 参数必须设为 255。
- 需要指出的是，SoftX3000 也支持 BSGI 板工作在主备用方式，但由于 BSGI 板不运行 Q.931 协议（呼叫处理适配软件模块），不需要保存已建立连接的呼叫信息，因此也就没有必要配置为主备用方式。为提高设备资源的利用率，一般建议将 BSGI 板配置为负荷分担方式。

（4）输入 ADD FECFG 命令，增加 IFMI FE 端口配置，默认网关地址为路由器设备的 IP 地址，如图 5-14 所示。

图 5-14　增加 IFMI FE 端口

说明：

- 操作员必须正确配置 FE 端口的默认路由器（网关）的 IP 地址，否则 SoftX3000 将无法与各 IP 设备正常通信。
- FE 端口的以太网属性必须配置为 100 Mbit/s 强制全双工。同时，与 SoftX3000 的 FE 端口相连的 LAN Switch 的端口也必须配置为 100 Mbit/s 强制全双工。

（5）输入 ADD CDBFUNC 命令，增加中央数据库功能 LOC、TK、MGWR、BWLIST、IPN、DISP、SPDNC、RACF、UC、KS、PRESEL，如图 5-15 所示。

图 5-15　增加中央数据库功能

说明： 当系统配置 2 对 CDBI 板，按负荷分担的原则在两组 CDBI 板之间分配数据库功能。如果仅有 1 对 CDBI 板时，需为其配置所有的数据库功能。

3. 执行联机操作

（1）输入 SET FMT 命令，打开格式转换开关，如图 5-16 所示。

命令输入 (F5):
SET FMT
状态
ON(开启)

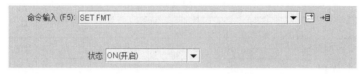

图 5-16　打开格式转换开关

（2）输入 LON 命令，联机，如图 5-17 所示。

命令输入 (F5):
LON

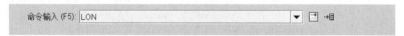

图 5-17　联机

5.4.4　实际操作

请根据如下数据规划，完成硬件数据的配置，并根据调测指导进行验证。

（1）配置一个机架，机架号为 0，场地号为 0，机架的行号为 2，列号为 3。

（2）该机架上配置一个基本框，框号为 0，位置号为 2，其设备配置面板图如图 5-18 所示。各主要单板的基本信息如表 5-3 所示。

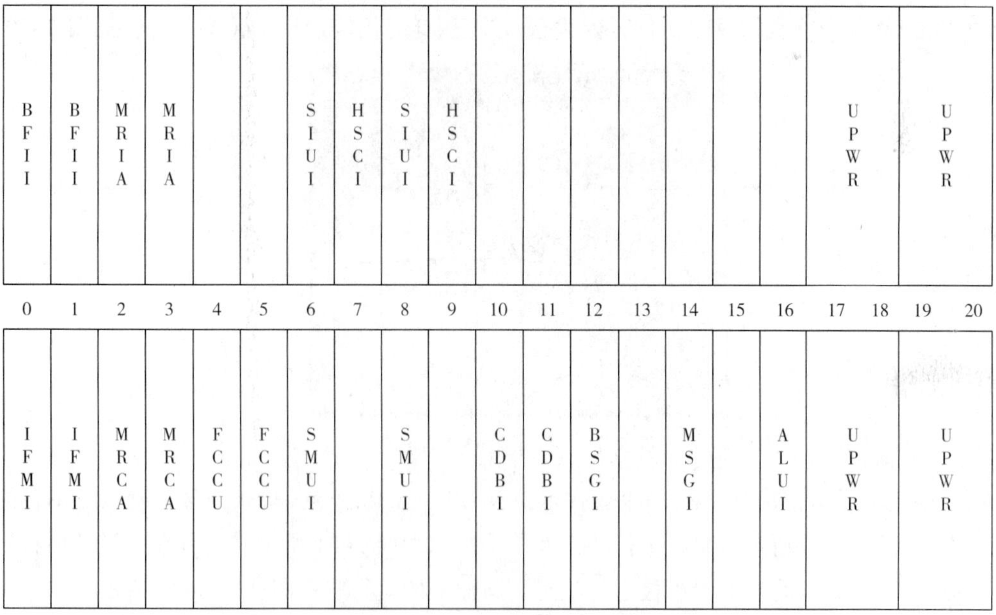

BFII
BFII
MRIA
MRIA
SIUI
HSCI
SIUI
HSCI
UPWR
UPWR
0 1 2 3 4 5 6 7 8 9 10 11 12 13 14 15 16 17 18 19 20
IFMI
IFMI
MRCA
MRCA
FCCU
FCCU
SMUI
SMUI
CDBI
CDBI
BSGI
MSGI
ALUI
UPWR
UPWR

图 5-18　任务的设备配置面板图

表 5-3　各主要单板的基本信息

框号/槽位	单板位置	单板类型	主备用标志	单板模块号
0 / 0	前插板	IFMI	主用	132
0 / 1	前插板	IFMI	主用	133

框号/槽位	单板位置	单板类型	主备用标志	单板模块号
0 / 2	前插板	MRCA	主用	212
0 / 3	前插板	MRCA	备用	212
0 / 4	前插板	FCCU	主用	22
0 / 5	前插板	FCCU	备用	22
0 / 10	前插板	CDBI	主用	102
0 / 11	前插板	CDBI	备用	102
0 / 12	前插板	BSGI	独立运行	136
0 / 14	前插板	MSGI	主用	211

（3）FE 端口的 IP 地址为 10.26.102.13/255.255.255.0，网关为 10.26.102.1，以太网配置 100 Mbit/s，全双工，ARP 探测。

（4）增加中央数据库功能，选以下项：LOC、TK、MGWR、BWLIST、IPN、DISP、SPDNC、RACF、UC、KS、PRESEL。

5.4.5　调测指导

下面介绍调测方法和操作步骤。

（1）按照附录 B 第（10）步说明进行数据加载，加载完成后，通过华为 LMT 软件登录 SoftX3000 BAM 服务器查看目前设备运行状态。（注意，此时不能选择 LOCAL 局向，见图 5-19）

图 5-19　登录 BAM 服务器

（2）检查单板运行状态。在 LMT 软件上执行 DSP FRM 命令，输入框号，确认各单板的运行状态，如图 5-20 所示。单板运行状态及结果显示如图 5-21 所示；或者在"设备面板"打开"设备管理"，查看机框的单板运行状态，前面板的运行状态图如图 5-22 所示。

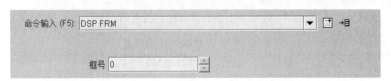

图 5-20　查看单板运行状态

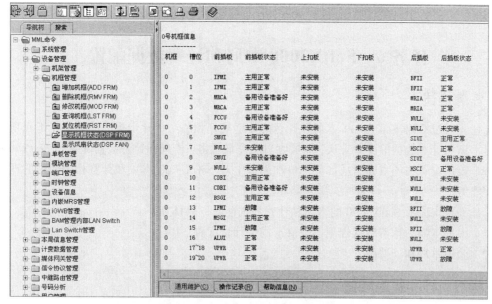

图 5-21 单板运行状态及结果

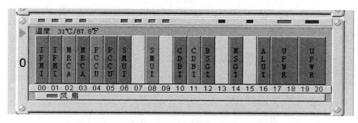

图 5-22 机框的单板运行状态图（前面板）

说明：

SoftX3000用不同的颜色来代表单板的运行状态，各主要颜色的含义如下：

- 绿色：单板运行正常且单板处于主用状态。
- 蓝色：单板运行正常且单板处于备用状态。
- 红色：单板故障。
- 灰色：此槽位的单板未配置。

（3）校验单板前后台数据的一致性。在SoftX3000的客户端执行STR CRC命令对单板的数据进行CRC校验，如果校验不成功，请复位该板，使其重新加载。

说明：一般来说，只有上述3个条件同时满足，即单板状态正常、版本配套、前后台数据校验一致时，才可以认为SoftX3000可以正常运行。

5.5 任务验收

（1）数据配置内容是否完备、正确。

（2）硬件数据加载后，各单板运行正常，无告警。

（3）小组演示工作成果，并派代表陈述项目完成的思路、经过和遇到的问题等。

（4）验收过程中，随机提出问题，小组成员回答。

任务 6　SoftX3000 本局和计费数据配置

6.1　任务描述

本任务通过给出 SoftX3000 本局和计费的数据规划和练习指导步骤，让学生在工程项目中学习本局和计费数据的配置方法，能最终自主完成任务。本局和计费数据配置是 SoftX3000 设备基本数据配置中的重要组成部分，可加强学生对 SoftX3000 本局和计费相关知识的理解与应用能力。

本任务要求完成 SoftX3000 的本局和计费数据配置，具体如下：

（1）根据本局、计费数据规划，完成本局、计费配置。

（2）验证本局和计费配置。

6.2　学习目标和实验器材

学习完该任务，将能够：

（1）读懂本局、计费数据配置项目的任务书，理解、明确任务要求。

（2）进一步熟练华为本地维护终端软件和 e-Bridge 软件常用的操作。

（3）掌握 SoftX3000 本局和计费数据配置的流程、命令和相关注意事项。能根据本局和计费数据规划，完成本局和计费数据配置和调测。

（4）能够进行项目完成情况的评价。

（5）通过组员间相互协作加强沟通交流能力，形成团队精神。

实验器材：SoftX3000 设备、BAM 服务器、2 层交换机、3 层交换机、UA5000 接入媒体网关、模拟话机、华为 LMT 本地终端维护软件、e-Bridge 软件、Visio 软件、计算机等。

6.3　知识准备

6.3.1　本局知识

DigitMap，即号码采集规则描述符，它是驻留在媒体网关内的拨号方案，用于检测和报告终端接收的拨号事件。在媒体网关注册时，由 SoftX3000 设备发送给媒体网关。

在 SoftX3000 设备上，H.248 协议的默认数图为[2-8]xxxxxx|13xxxxxxxxx|0xxxxxxxxxx|9xxxx|1[0124-9]x|E|F|x.F|[0-9].L。MGCP 协议的默认数图为[2-8]xxxxxxx|13xxxxxxxxx|0xxxxxxxxxx|9xxxx|1[0124-9]x|*|#|x.#|[0-9*#].T。

呼叫源：指发起呼叫的一类用户或一类入中继。呼叫源的划分是以主叫用户的属性来区分的。

一个全局号首集就代表一个公网或一个专网，一个本地号首集就代表一个本地网（或一个国家网），定义了对应的国家码及地区号。

呼叫字冠是被叫号码的前缀，呼叫字冠的集合组成了系统的被叫号码分析表。呼叫字冠定义了对应的路由和计费方案编码。

所有的呼叫字冠的集合组成了系统的被叫号码分析表。如果在同一张被叫号码分析表中同时存在上述几条呼叫字冠记录，则系统在进行被叫号码分析时，将按照最大匹配的原则进行分析。

呼叫字冠定义了对应的路由和计费方案编码（选择码）。

6.3.2　计费知识

计费情况是对一类呼叫人为规定的计费处理方式的集合，包括计费局信息、付费方信息、计费方法等。

计费源码又称计费分组，是为主叫的本局用户或中继群分配的一组用于标识计费属性的编号。

计费方式主要有本局分组计费、目的码计费、被叫分组计费、Centrex 群内计费等。目的码计费是最常见的计费方式。

目的码计费：以"计费选择码"与"主叫方计费源码"为主要判据的计费方式，主要用于本局用户（或入中继）在发起出局呼叫时的计费。

图 6-1 所示为号码分析过程，体现了软交换设备通过主叫和被叫号码分析，得出路由局向和计费情况的过程。

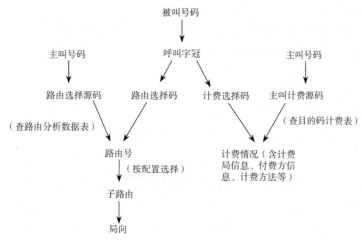

参数包含关系：　　　　　　　　　　　　　　　注：计费方式设置目的码计费
- 用户定义包含：呼叫源、主叫计费源码
- 呼叫字冠定义包含：路由选择码、计费选择码
- 呼叫源定义包含：路由选择源码

图 6-1　号码分析过程

6.4　任务实施

6.4.1　工作步骤

（1）根据配置练习的步骤，练习本局和计费数据的配置方法。

（2）根据实验任务的数据规划内容，完成本局与计费数据配置。

（3）依据调测指导，完成任务调测。

6.4.2　本局和计费数据规划

本局和计费数据规划包括本局的信令点编码、本地号首集、用户号码、计费情况、计费源码和计费方式等。下面是为练习规划的数据。

（1）本局信令点编码：采用国内网编码 123456，国内网，长市农合一局。

（2）本地号首集 5：国家码 86，国内长途区号 29。

（3）呼叫源码规划：

① 呼叫源码 12：用于本局普通用户，其预收号位数为 3，本地号首集为 5，指定路由选择源码为 12，失败源码为 12。

② 呼叫源码 25：用于 Centrex 用户，其预收号位数为 1，本地号首集为 5，指定路由选择源码为 25，失败源码为 25。

③ 呼叫源码 50：用于下级局入中继群，其预收号位数为 3，本地号首集为 5，指定路由选择源码为 50，失败源码为 50。

④ 呼叫源码 64：用于同级局入中继群，其预收号位数为 3，本地号首集为 5，指定路由选择源码为 64，失败源码为 64。

（4）呼叫字冠规划。8530：本局字冠，指定路由选择码 65535，计费选择码 12。最小号长为 8，最大号长为 8，本局，基本业务。

（5）计费情况规划

计费情况：10，无 CRG 计费，集中计费，主叫付费，详细话单。

（6）计费源码规划（根据用户群定义）：

① 本局普通用户：计费源码 12。

② 下级局入中继用户：计费源码 50。

③ 同级局入中继用户：计费源码 64。

（7）计费方式规划：采用目的码计费方式，所有业务，所有话单类型，所有编码类型，如表 6-1 所示。

表 6-1　目的码计费表

呼　叫　关　系	主叫方计费源码	计费选择码	计费情况
本局用户间互拨	12	12	10
下级局入中继呼叫本局用户	50	12	10
本局用户呼叫下级局入中继	12	50	10
同级局入中继呼叫本局用户	64	12	10
本局用户呼叫同级局入中继	12	64	10

6.4.3　配置练习

介绍配置中各命令及相关参数。

1．执行脱机操作

（1）脱机，同 5.4.3 节 1（1）。

（2）关闭格式转换开关，同 5.4.3 节 1（2）。

2．配置硬件数据

因为是上个任务的内容，这里采用脚本的方式，用批处理方法执行，如图 6-2 所示。硬件数据配置脚本参见附录 C。

图 6-2 批处理执行脚本

3．配置本局数据

（1）输入 SET OFI 命令，设置本局信息，本局信令点编码为 123456（国内网），时区索引为 0，如图 6-3 所示。

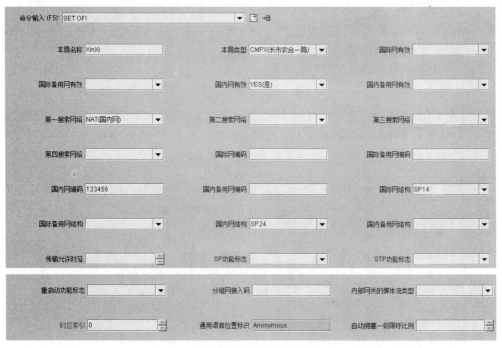

图 6-3 配置本局信息

（2）输入 ADD DMAP 命令，增加数图，如图 6-4、图 6-5 所示。

图 6-4 增加 H.248 协议数图

图 6-5 增加 MGCP 协议数图

说明：数图是号码采集规则描述符，它是驻留在媒体网关内的拨号方案，用于检测和报告终端的拨号事件。

（3）输入 ADD LDNSET 命令，增加本地号首集，如图 6-6 所示。

图 6-6 增加本地号首集

（4）输入 ADD CALLSRC 命令，增加呼叫源。呼叫源码 12 用于本局普通用户，其预收码位数为 3。呼叫源码 25 用于 Centrex 用户，其预收码位数为 1。呼叫源码 50 用于下级局入中继群，呼叫源码 64 用于同级局入中继群，如图 6-7～图 6-10 所示。

图 6-7 增加呼叫源码 12

图 6-8　增加呼叫源码 25

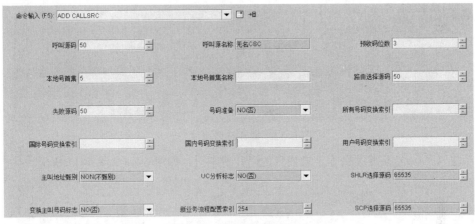

图 6-9　增加呼叫源码 50

图 6-10　增加呼叫源码 64

说明：

- 普通用户的预收号码位数通常设为 3，Centrex 用户的预收号码位数通常设为 1。
- 在需要将用户和中继呼叫源码分开时，用户呼叫源码设为 0~49，中继呼叫源码设为 50~99（纯中继的局，呼叫源码可以从 0 开始）。
- 为确保系统计费的可靠性，操作员必须为每一个呼叫字冠配置一个有效的计费选择码，此处为 12。

4. 配置计费数据

（1）输入 ADD CHGANA 命令，增加计费情况 10，采用详细话单计费方法，如图 6-11 所示。

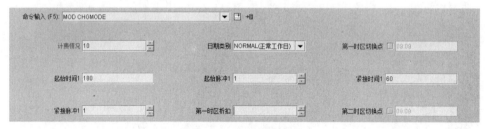

图 6-11　增加计费情况

（2）输入 MOD CHGMODE 命令，修改计费制式，如图 6-12 所示。

图 6-12　修改计费制式

（3）输入 ADD CHGIDX 命令，增加目的码计费索引，如图 6-13～图 6-17 所示。

图 6-13　增加目的码计费-1

说明：目的码计费是以"计费选择码"与"主叫方计费源码"为主要判据的计费方式，用于本局用户（或入中继）在发起呼叫时的计费。

图 6-14　增加目的码计费-2

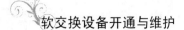

图 6-15　增加目的码计费-3

图 6-16 增加目的码计费-4

图 6-17 增加目的码计费-5

5．配置呼叫字冠

输入 ADD CNACLD 命令，增加呼叫字冠，如图 6-18 所示。

图 6-18 增加呼叫字冠

6．执行联机操作

（1）打开格式转换开关，同 5.4.3 节 3（1）。

（2）联机，同 5.4.3 节 3（2）。

6.4.4 实操任务

根据如下本局和计费数据的规划，完成本局和计费数据的配置，并根据调测指导，进行业务验证。

（1）本局信令点编码：采用国内网编码 333333。

（2）本地号首集 0：国家码 86，国内长途区号 10。

（3）呼叫源码规划：

① 呼叫源码 1：用于本局普通用户，其预收号位数为 3，本地号首集为 0，指定路由选择源码为 1，失败源码为 1。

② 呼叫源码 2：用于 Centrex 用户，其预收号位数为 1，本地号首集为 0，指定路由选择源码为 2，失败源码为 2。

③ 呼叫源码 62：用于下级局入中继群，其预收号位数为 3，本地号首集为 0，指定路由选择源码为 62，失败源码为 62。

④ 呼叫源码 64：用于同级局入中继群，其预收号位数为 3，本地号首集为 0，指定路由

选择源码为 64，失败源码为 64。

（4）呼叫字冠规划。6666：本局字冠，指定路由选择码为 65535，计费选择码为 1。最小号长为 8，最大号长为 8，本局，基本业务。

（5）计费情况规划。计费情况：0，无 CRG 计费，集中计费，主叫付费，详细话单。

（6）计费源码规划（根据用户群定义）：

① 本局普通用户：计费源码 1。

② 下级局入中继用户：计费源码 62。

③ 同级局中继用户：计费源码 64。

（7）计费方式规划：采用目的码计费方式，所有业务，所有话单类型，所有编码类型，如表 6-2 所示。

表 6-2　任务的目的码计费表

呼 叫 关 系	主叫方计费源码	计费选择码	计 费 情 况
本局用户间互拨	1	1	0
下级局入中继呼叫本局用户	62	1	0
本局用户呼叫下级局入中继	1	62	0
同级局入中继呼叫本局用户	64	1	0
本局用户呼叫同级局入中继	1	64	0

6.4.5　调测指导

下面介绍调测方法和操作步骤。

（1）请将下面脚本复制到执行框内执行。

LOF:;

SET FMT: STS=OFF;

ADD MGW: EID="192.168.3.15:2944", GWTP=AG, MGCMODULENO=22, PTYPE=H248, LA="10.26.102.13", RA1="192.168.3.15", RP=2944, LISTOFCODEC=PCMA-1&PCMU-1&G7231-1&G729-1&T38-1, ET=NO, SUPROOTPKG=NS, MGWFCFLAG=FALSE;

ADB VSBR: SD=K'66660040, ED=K'66660041, LP=0, DID=ESL, MN=22, EID="192.168.3.15:2944", STID="0", RCHS=1, CSC=1, UTP=NRM, ICR=LCO-1&LC-1&LCT- 1&NTT-1, OCR=LCO-1&LC-1&LCT-1&NTT-1, NS=CLIP-1, CNTRX=NO, PBX=NO, CHG=NO, ENH=NO;

ADD CNACLD: LP=0, PFX=K'6666, CSTP=BASE, MINL=8, MAXL=8, CHSC=1, EA=NO;

SET FMT: STS=ON;

LON:;

（2）请用 66660040 电话拨打 66660041 电话，或者反之，看是否能相互拨通。

6.5　任务验收

（1）数据配置内容是否完备、正确。

（2）按照调测方法，本局用户电话互拨正常，无告警。

（3）小组演示工作成果，并派代表陈述任务完成的思路、经过和遇到的问题等。

（4）验收过程中，随机提出问题，小组成员回答。

单元③

基本业务配置

任务7　SoftX3000与媒体网关IAD对接

7.1　任务描述

本任务通过一个小型的工程项目,让学生在实践中学习SoftX3000与综合接入设备(IAD)对接的典型组网、设备连接方法,SoftX3000侧和IAD侧的数据配置方法。SoftX3000与IAD对接,开通语音业务是NGN网络的基本业务之一,通过该任务可加强学生对IAD、语音业务和H.248/MGCP协议的理解与应用能力。

本任务要求完成SoftX3000与IAD对接的硬件连接和数据配置,具体如下:

(1)掌握SoftX3000与IAD对接的硬件连接方法。

(2)根据数据规划完成SoftX3000侧和IAD侧的数据配置。

(3)验证语音业务。

7.2　学习目标和实验器材

学习完该任务,你将能够:

(1)读懂SoftX3000与IAD对接配置项目的任务书,理解、明确任务要求。

(2)能使用Visio软件完成与IAD设备对接组网的连接图。

(3)掌握SoftX3000与IAD对接数据配置的流程、命令和相关注意事项。能根据对接数据规划完成SoftX3000侧和IAD侧的数据配置和业务调测。

(4)能够进行项目完成情况的评价。

(5)通过组员间相互协作加强沟通交流能力,形成团队精神。

实验器材:SoftX3000设备、BAM服务器、2层交换机、3层交换机、IAD104H、模拟话机、华为LMT本地终端维护软件、e-Bridge软件、Visio软件、计算机等。

7.3　知识准备

7.3.1　整体介绍

Softx3000设备与IAD在NGN网络中的位置如图7-1所示。

语音业务是NGN网络的一项基本业务。

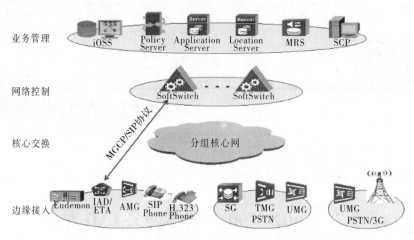

图 7-1　Softx3000 设备与 IAD 在 NGN 网络中的位置

当 IAD 通过 IP 城域网接入 SoftX3000 时，其主要用途是为用户提供小容量的模拟用户线端口，以便运营商能够通过 IP 城域网向分散用户提供语音业务。SoftX3000 与 IAD 典型组网如图 7-2 所示。

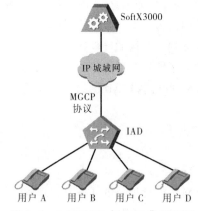

图 7-2　SoftX3000 与 IAD 典型组网

7.3.2　设备介绍

SoftX3000 是 NGN 网络中语音/数据/视频业务呼叫、控制和业务提供的核心设备，也是电路交换网向分组网演进的主要设备之一。

IAD104H 综合接入设备是基于 IP 的语音/传真（VoIP/FoIP）接入网关，为运营商、企业、小区住宅用户、公司提供高效、高质量的 IP 话音业务、视频、传真等服务。IAD104H 设备如图 7-3 所示。

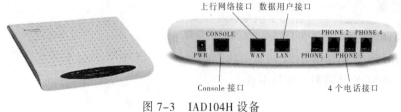

图 7-3　IAD104H 设备

在 NGN 网络中，IAD 通过标准的 MGCP 或 SIP 协议与 SoftSwitch 配合组网。

7.3.2   硬件连接方法

SoftX3000 与 IAD104H 对接的硬件连接如图 7-4 所示。

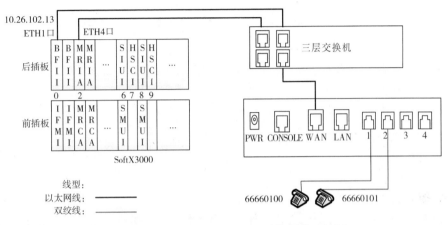

图 7-4   SoftX3000 与 IAD104H 对接硬件连接图

7.4   任务实施

7.4.1   工作步骤

（1）完成设备间的硬件连接。

（2）根据配置练习的步骤，练习 SoftX3000 侧和 IAD 侧的数据配置方法。

（3）根据实验任务的数据规划内容，完成 SoftX3000 侧和 IAD 侧的数据配置。

（4）开通并依据调测指导验证语音业务。

7.4.2   数据规划

下面是为练习规划的数据。

（1）FCCU 板模块号规划为 30，IFMI 模块号为 134。

（2）在配置 SoftX3000 侧和 IAD 侧的数据之前，操作员应就两个设备之间的主要对接参数进行规划，如表 7-1 所示。

表 7-1   SoftX3000 与 IAD104H 对接参数表

序　　号	对接参数项	参　数　值
1	SoftX3000 与 IAD 之间采用的控制协议	MGCP 协议
2	MGCP 协议的编码类型	ABNF（文本方式）
3	IAD 的域名	iad009.com
4	SoftX3000 的 IFMI 板的 IP 地址	10.26.102.13
5	IAD 的 IP 地址	192.168.3.171
6	SoftX3000 侧 MGCP 协议的本地 UDP 端口号	2727
7	IAD 侧 MGCP 协议的本地 UDP 端口号	2429
8	IAD 支持的语音编解码方式	G.711A、G.711μ、G.723.1、G.729

序　号	对接参数项	参　数　值
9	用户 A（终端标识为 1）的电话号码，本地号首集，呼叫源码，计费源码，呼入、呼出权限，补充业务	85300051、5、12、12、本局、本局，主叫线识别提供
10	用户 B（终端标识为 2）的电话号码，本地号首集，呼叫源码，计费源码，呼入、呼出权限，补充业务	85300052、5、12、12、本局、本局，主叫线识别提供

（3）呼叫字冠 8530，本局、基本业务，路由选择码 65535，计费选择码 12。

7.4.3　配置练习

需要配置 SoftX3000 与 IAD 对接的网关数据、用户数据以及号码分析数据。

1. SoftX3000 侧数据配置

（1）执行脱机操作：

① 脱机，同 5.4.3 节 1（1）。

② 关闭格式转换开关，同 5.4.3 节 1（2）。

（2）配置基础数据：基础数据包括硬件数据和本局、计费数据，是任务 5 和任务 6 学习的内容，这里采用脚本的方式，用批处理方法执行（见图 6-2）。"基础数据练习配置"脚本参见附录 C。

（3）配置媒体网关数据：输入 ADD MGW 命令，增加媒体网关，采用 MGCP 协议的 IAD，设备标识为 iad009.com，FCCU 模块号 30，如图 7-5 所示。

图 7-5　增加 IAD 媒体网关

说明：当 MG 采用 MGCP 协议时，命令中的"设备标识"为 IAD 域名，此处为 iad009.com。

（4）配置用户数据

① 输入 ADD VSBR 命令，增加语音用户。增加 1 个 ESL 用户。本地号首集为 5，用户号码为 85300051，计费源为 12，呼叫源码为 12，如图 7-6 所示。

② 输入 ADD VSBR 命令，增加语音用户。增加 1 个 ESL 用户。本地号首集为 5，用户号码为 85300052，计费源为 12，呼叫源码为 12，如图 7-7 所示。

图 7-6 增加语音用户 85300051

图 7-7 增加语音用户 85300052

说明：

- 不同厂家生产的 IAD，其用户端口的终端标识的编号方式是不同的，此处是从 0 开始编号的。
- 若为 ESL 用户开通 CID（来电显示）功能，则操作员需将命令中的"补充业务"参数的 CLIP 选项选中。

（5）配置号码分析数据：输入 ADD CNACLD 命令，增加呼叫字冠，本地号首集为 5，本局、基本业务，路由选择码为 65535，计费选择码为 12，如图 7-8 所示。

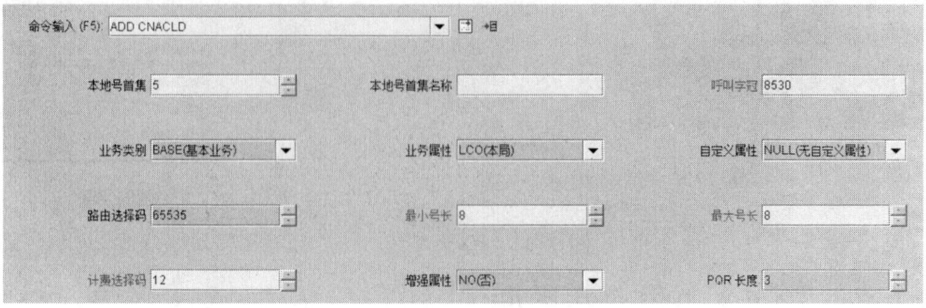

图 7-8 增加呼叫字冠

说明：为确保系统计费的可靠性，操作员必须为每一个呼叫字冠配置一个有效的计费选择码，此处为 12。

（6）执行联机操作

① 打开格式转换开关，同 5.4.3 节 3（1）。

② 联机，同 5.4.3 节 3（2）。

2．Web 方式配置 IAD 侧数据

（1）登录设备：

① 先在配置计算机的命令窗口输入 ping 192.168.3.171，检查连接是否正常，如图 7-9 所示。

② 在浏览器的地址栏输入 https://192.168.3.171，按【Enter】键，如图 7-10 所示。

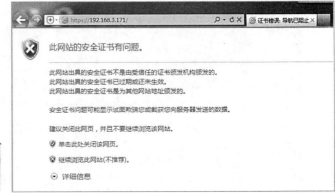

图 7-9　ping IAD 设备　　　　　　　　　图 7-10　登录 IAD 设备

③ 单击"继续浏览此网站"选项。

④ 输入用户名 root，密码 huawei123，单击"登录"按钮，然后单击"返回"按钮，如图 7-11 所示。

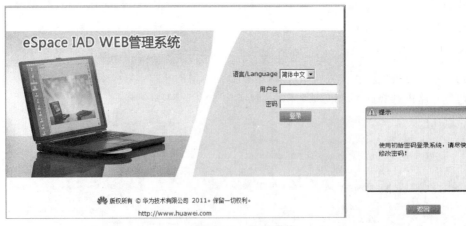

图 7-11　登录系统

⑤ 进入 Web 管理系统，如图 7-12 所示。

图 7-12 进入 Web 管理系统

（2）设置协议

① 将 IAD 的协议模式配置为 MGCP，如图 7-13 所示。

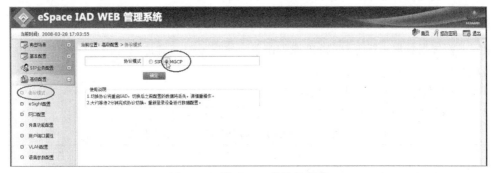

图 7-13 设置 IAD 的协议模式

② 在弹出的"确认"对话框，单击"确定"按钮，如图 7-14 所示。

图 7-14 确认 IAD 的协议设置

③ IAD 重启，等待一分钟左右，再次登录。

（3）设置 IAD 设备域名和端口，如图 7-15 所示。

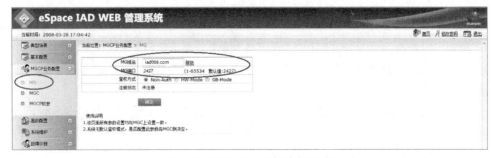

图 7-15 设置 IAD 设备域名和端口

（4）设置 MGC IP 和端口，如图 7-16 所示。

图 7-16 设置 MGC IP 和端口

注意：请及时保存数据，可选择"保存为运营商配置"。

7.4.4 实验

根据下面规划数据进行 SoftX3000 侧的配置，实现 IAD 下挂的语音用户的互拨互通，并且各用户均开通 CID（来电显示）功能。

（1）FCCU 板模块号 22，IFMI 模块号 132。

（2）SoftX3000 和 IAD 之间的对接参数规划，如表 7-2。

表 7-2 任务的 SoftX3000 与 IAD104H 对接参数表

序 号	对接参数项	参 数 值
1	SoftX3000 与 IAD 之间采用的控制协议	MGCP 协议
2	MGCP 协议的编码类型	ABNF（文本方式）
3	IAD 的域名	iad001.com
4	SoftX3000 的 IFMI 板的 IP 地址	10.26.102.13
5	IAD 的 IP 地址	192.168.3.151
6	SoftX3000 侧 MGCP 协议的本地 UDP 端口号	2727
7	IAD 侧 MGCP 协议的本地 UDP 端口号	2427
8	IAD 支持的语音编解码方式	G.711A、G.711μ、G.723.1、G.729
9	用户 A（终端标识为 0）的电话号码，本地号首集，呼叫源码，计费源码，呼入、呼出权限，补充业务	66660051、0、1、1、本局、本局，主叫线识别提供
10	用户 B（终端标识为 1）的电话号码，本地号首集，呼叫源码，计费源码，呼入、呼出权限，补充业务	66660052、0、1、1、本局、本局，主叫线识别提供

（3）呼叫字冠 6666，本地号首集 0，本局，基本业务，路由选择码 65535，计费选择码 1。

（4）基础数据配置脚本参见附录 C。

7.4.5 调测指导

在配置完 SoftX3000 与 IAD（采用 MGCP 协议）对接数据后，用户可以按照调测步骤进行业务验证。

1．检查网络连接是否正常

在 SoftX3000 客户端使用 ping 命令，或者在接口跟踪任务中使用 Ping 工具，检查 SoftX3000 与 IAD 之间的网络连接是否正常：

（1）如果网络连接正常，继续后续步骤。

（2）如果网络连接不正常，在排除网络故障后继续后续步骤。

2．检查 IAD 是否已经正常注册

在 SoftX3000 的客户端使用 DSP MGW 命令，查询该 IAD 是否已经正常注册，然后根据系统的返回结果决定下一步的操作：

（1）如果查询结果为 Normal，表示 IAD 正常注册，数据配置正确。

（2）如果查询结果为 Disconnect，表示 IAD 曾经进行过注册，但目前已经退出运行。此时，需要确认双方的配置数据是否曾经被修改过。

（3）如果查询结果为 Fault，表示网关无法正常注册。此时，请使用 LST MGW 命令检查设备标识、远端 IP 地址、远端端口号、编码类型等参数的配置是否正确。

3．拨打电话进行通话测试（66660051 与 66660052 电话互拨）

若 AMG 能够正常注册，则可以使用电话进行拨打测试。若通话正常，则说明数据配置正确；若不能通话或通话不正常，则使用 DSP EPST 命令检查 AMG 的各终端是否已经正常注册。如果注册不正常，请使用 LST VSBR 命令检查模块号、设备标识、终端标识等参数的配置是否正确。

说明：若 SoftX3000 侧数据配置正确，请确认 IAD 侧的参数设置是否正确。

7.5　任务验收

（1）硬件连接是否正确。

（2）数据配置内容是否完备、正确。

（3）电话互拨是否正常，有无告警。

（4）小组演示工作成果，并派代表陈述项目完成的思路、经过和遇到的问题等。

（5）验收过程中，随机提出问题，小组成员回答是否正确。

任务 8　SoftX3000 与媒体网关 AMG 对接

8.1　任务描述

本任务通过一个小型的工程项目，让学生在实践中学习 SoftX3000 与 AMG 对接的典型组网、设备连接方法，SoftX3000 侧和 AMG 侧的数据配置方法。SoftX3000 与 AMG 对接，开通语音业务是 NGN 网络的基本业务之一，通过该任务可加强学生对接入媒体网关 AMG、语音业务和 H.248 协议的理解与应用能力。

本任务要求完成 SoftX3000 与 AMG 对接的硬件连接和数据配置，具体如下：

（1）掌握 SoftX3000 与 AMG 对接的硬件连接方法。

（2）根据数据规划，完成 SoftX3000 侧和 AMG 侧的数据配置。

（3）验证语音业务。

8.2　学习目标和实验器材

学习完该任务，你将能够：

（1）能读懂 SoftX3000 与 AMG 设备对接配置项目的任务书，理解、明确任务要求。

（2）能使用 Visio 软件完成 SoftX3000 与 AMG 设备对接组网的连接图。

（3）掌握 SoftX3000 与 AMG 设备对接数据配置的流程、命令和相关注意事项。能根据对接数据规划，完成 SoftX3000 侧和 AMG 侧的数据配置和业务调测。

（4）能够进行项目完成情况的评价。

（5）通过组员间相互协作加强沟通交流能力，形成团队精神。

实验器材：SoftX3000 设备、BAM 服务器、两层交换机、三层交换机、UA5000 接入媒体网关、模拟话机、华为 LMT 本地终端维护软件、e-Bridge 软件、Visio 软件、计算机等。

8.3　知识准备

8.3.1　整体介绍

Softx3000 设备与 AMG 在 NGN 网络中的位置如图 8-1 所示。

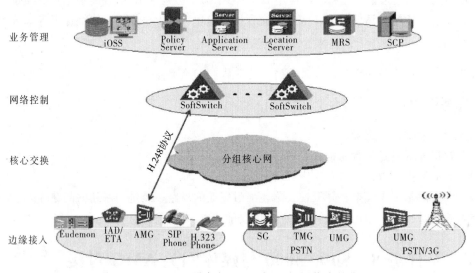

图 8-1　Softx3000 设备与 AMG 在 NGN 网络中的位置

语音业务是 NGN 网络的一项基本业务。

当 AMG 通过 IP 城域网接入 SoftX3000 时（见图 8-2），其主要用途是为用户提供中容量的模拟用户线端口，以便运营商能够通过 IP 城域网向家庭和集团用户提供语音业务。

8.3.2　设备介绍

UA5000 是宽窄带一体化综合业务接入设备（AMG），提供高质量的窄带语音接入业务、宽带接入业务，同时还向用户提供功能完善的 IP 语音接入业务，以及多媒体业务。

图 8-3 所示为 HABA 类型的 UA5000 机框配置图，共有 36 个槽位，其中第 0、1 槽位插有 PWX 板（二次电源板），第 4 槽位插有 PVMB 主控板（分组语音处理板），第 18、19、20 槽位插有 A32 板（32 端口模拟用户板）。

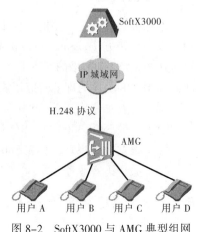

图 8-2　SoftX3000 与 AMG 典型组网

说明：第 6 槽位至第 35 槽位为业务槽位，可插入各种业务板。

风扇框																
0																17
二次电源板	二次电源板	宽带控制板	宽带控制板	窄带控制板	窄带控制板	窄带控制板	业务板	业务板	业务板	业务板	业务板	业务板	业务板	业务板	业务板	业务板

走线区																
风扇框																
18																35
业务板	业务板	业务板	业务板	业务板	业务板	业务板	业务板	业务板	业务板	业务板	业务板	业务板	业务板	业务板	业务板	业务板

走线区																

图 8-3　HABA 机框配置图

PVMB 主控板：实现 TDM 语音信号到 IP 报文转换，支持 H.248 协议的处理。提供 2 个 ETH 电口和 1 个 RS-232 维护串口。

A32 板引出 32 对双绞线，接入 MDF 架的内线侧，MDF 架的外线侧是一排 RJ-11 类型的接口。

8.3.3　硬件连接方法

SoftX3000 与 UA5000 对接的硬件连接如图 8-4 所示。

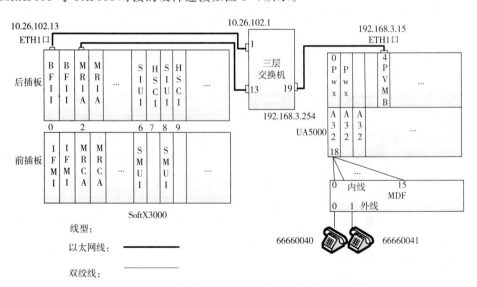

图 8-4　SoftX3000 与 UA5000 对接硬件连接图

8.3.4　H.248 协议

1. H.248 协议概述

H.248 协议是媒体网关控制协议，它是在早期的 MGCP 协议基础上改进而成。H.248/MeGaCo 协议是用于连接 MGC 与 MG 的网关控制协议，应用于媒体网关与软交换之间及软交换与 H.248/MeGaCo 终端之间，是软交换支持的重要协议。

H.248 协议连接模型指的是 MGC 控制的，在 MG 中的逻辑实体或对象。MGC 通过命令控制 MG 上的连接模型。模型的基本构件包括终端（Termination）和关联（Context），如图 8-5 所示。

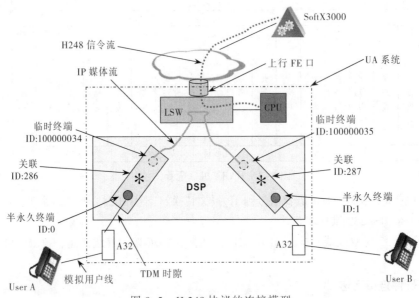

图 8-5　H.248 协议的连接模型

（1）终端是 MG 的一个逻辑实体，可以发送（接收）媒体流和（或）控制流。终端类型有以下几种：

①　半永久性终端可以代表物理实体，例如一个 TDM 信道或者模拟线路。

②　临时性终端可以代表临时性的信息流，例如 RTP 流。

③　根终端 root 是特殊的终端，代表整个 MG。当 root 作为命令的输入参数时，命令可以作用于整个网关，而不是一个终端。

终端的功能（又称终端的特性）有：支持信号，如拨号音、DTMF 信号等；支持对事件进行检测，如摘机、挂机等事件；属性，如服务状态、媒体信道属性；统计，如采集并上报 MGC 的统计数据。终端有唯一的标志 Termination ID，它由 MG 在创建终端时分配。

（2）关联是一组终端之间的联系。

关联标识（ContextID）是 Context 的标识由媒体网关选择的 32 位整数，在 MG 范围内独一无二。

关联的种类有如下几种：

①　空关联：由文本标识，空关联不空，而是包含网关中所有与其他任何终端都没有关联的终端。MG 刚上电时，所有的半永久性终端（如模拟电路）都处于空关联中，只有通话

时，半永久性终端才会从空关联移到新创建的确定关联中。通话结束后，半永久性终端又会移回到空关联。

②　确定关联：由 AG5890 之类的文本标识。

③　CHOOSE 关联：由文本$标识，表示请求 MG 创建一个新关联。

④　ALL 关联：由文本*标识，表示 MG 上所有的关联。

（3）H.248 的消息分为命令和响应。

所有的 H.248 命令都要接收者回送响应。命令和响应的结构基本相同，命令和响应之间由事务 ID 相关联。

（4）协议信息的编码格式可以是文本格式 ABNF，也可以是二进制格式 ASN.1。

MGC 必须支持两种格式，MG 可以支持任意一种格式。

2．H.248 协议消息的类型和结构

H.248 的消息分为命令和响应。

所有的 H.248 命令都要接收者回送响应。命令和响应的结构基本相同，命令和响应之间由事务 ID 相关联。

协议信息的编码格式可以是文本格式 ABNF，也可以是二进制格式 ASN.1。 MGC 必须支持两种格式，MG 可以支持任意一种格式。

消息的结构如图 8-6 所示。

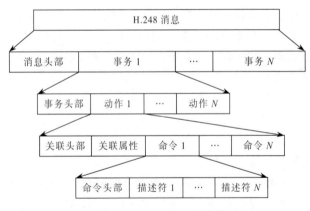

图 8-6　H.248 消息的结构

消息结构从消息头开始，后面是若干个事务。消息头中包含消息标识符和版本字段，消息标识符标识消息的发送者，可以是域地址、域名或设备名，一般采用域名。

MG 和 MGC 之间的一组命令组成了事务。事务由事务 ID 标识，事务 ID 是由事务发起方分配并在发送方范围内的唯一值。一个消息中包含一个或多个事务，消息内的事务是互相独立的，当多个事务被处理时，消息没有规定被处理的顺序。

动作与关联是密切相关的,动作由关联 ID 进行标识。在一个动作内，命令需要顺序执行。一个动作从关联头部开始，在关联头部包含关联 ID，用于标识该动作对应的关联。关联 ID 由 MG 指定，在 MG 范围内是唯一的。

MGC 必须在以后的与此关联相关的事务中使用相同的关联 ID。在关联头部后面是若干命令，这些命令都与关联 ID 标识的关联相关。

H.248 定义了 8 个命令，用于对协议连接模型中的逻辑实体（关联和终端）进行操作和管理，如表 8-1 所示。

表 8-1　H.248 定义的 8 个命令

命 令 名 称	命 令 代 码	描　　　述
Add	ADD	MGC→MG，增加一个终端到一个关联中，当不指明 ContextID 时，将生成一个关联，然后再将终端加入到该关联中
Modify	MOD	MGC→MG，修改一个终端的属性、事件和信号参数
Subtract	SUB	MGC→MG，从一个关联中删除一个终端，同时返回终端的统计状态。如果关联中再没有其他的终端，将删除此关联
Move	MOV	MGC→MG，将一个终端从一个关联移到另一个关联
AuditValue	AUD_VAL	MGC→MG，获取有关终端的当前特性，事件、信号和统计信息
AuditCapabilities	AUD_CAP	MGC→MG，获取 MG 所允许的终端的特性、事件和信号的所有可能值的信息
Notify	NTFY	MG→MGC，MG 将检测到的事件通知给 MGC
ServiceChange	SVC_CHG	MGC↔MG 或 MG→MGC，MG 使用 ServiceChange 命令向 MGC 报告一个终端或者一组终端将要退出服务或者刚刚进入服务。MG 也可以使用 ServiceChange 命令向 MGC 进行注册，并且向 MGC 报告 MG 将要开始或者已经完成了重新启动工作。同时，MGC 可以使用 ServiceChange 命令通知 MG 将一个终端或者一组终端进入服务或者退出服务

所有的 H.248 命令都要求接收者回送响应。命令和响应的结构基本相同，命令和响应之间由事务 ID 相关联。响应有 Reply 和 Pending 两种：Reply 表示已经完成了命令执行，返回执行成功或失败信息；Pending 指示命令正在处理，但仍然没有完成。当命令处理时间较长时，可以防止发送者重发事务请求。

8.4　任务实施

8.4.1　工作步骤

（1）完成设备间的硬件连接。

（2）根据配置练习的步骤，练习 SoftX3000 侧和 AMG 侧的数据配置方法。

（3）根据实验任务的数据规划内容，完成 SoftX3000 侧和 AMG 侧的数据配置。

（4）开通并依据调测指导验证语音业务。

8.4.2　数据规划

下面是为练习规划的数据：

（1）FCCU 板模块号规划为 30，IFMI 模块号设为 134。

（2）在配置 SoftX3000 侧和 UA5000 侧的数据之前，操作员应就两个设备之间的主要对接参数进行规划，如表 8-1 所示。

表 8-1　SoftX3000 与 UA5000 对接参数表

序　　号	对接参数项	参　数　值
1	SoftX3000 与 AMG 之间采用的控制协议	H.248 协议
2	H.248 协议的编码类型	ASN（二进制方式）
3	SoftX3000 的 IFMI 板的 IP 地址	10.26.102.13

续表

序　号	对接参数项	参　数　值
4	AMG 的 IP 地址	192.168.3.10
5	SoftX3000 侧 H.248 协议的本地 UDP 端口号	2944
6	AMG 侧 H.248 协议的本地 UDP 端口号	2945
7	AMG 支持的语音编解码方式	G.711A、G.711μ、G.723.1、G.729、T38
8	用户 A（终端标识为 0）的电话号码，本地号首集，呼叫源码，计费源码，呼入、呼出权限，补充业务	85300100、5、12、12、本局、本局，主叫线识别提供
9	用户 B（终端标识为 1）的电话号码，本地号首集，呼叫源码，计费源码，呼入、呼出权限，补充业务	85300101、5、12、12、本局、本局，主叫线识别提供

（3）呼叫字冠 8530，本局、基本业务，路由选择码 65535，计费选择码 12。

8.4.3　配置练习

需要配置 SoftX3000 与 AMG 对接的网关数据、用户数据以及号码分析数据。

1. SoftX3000 侧数据配置

（1）执行脱机操作：

① 脱机，同 5.4.3 节 1（1）。

② 关闭格式转换开关，同 5.4.3 节 1（2）。

（2）配置基础数据：基础数据包括硬件数据和本局、计费数据，是任务 5 和任务 6 学习的内容，这里采用脚本的方式，用批处理方法执行（见图 6-2）。基础数据练习配置脚本参见附录 C。

（3）配置媒体网关数据：输入 ADD MGW 命令，增加媒体网关，采用 H.248 协议的 AMG，设备标识为 192.168.3.10:2945，FCCU 模块号 30，如图 8-7 所示。

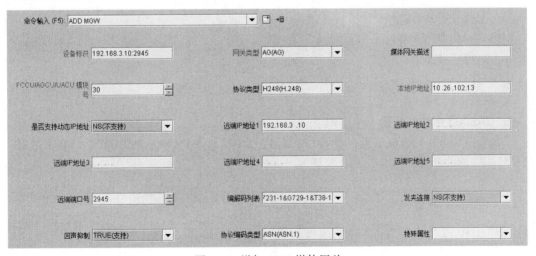

图 8-7　增加 AMG 媒体网关

说明：当 MG 采用 H.248 协议时，命令中的"设备标识"参数的格式为"IP 地址：端口号"，此处为 192.168.3.10:2945。

（4）配置用户数据：输入 ADB VSBR 命令，增加语音用户，批增 2 个 ESL 用户。本地号首集 5，起始号码为 85300100，终止号码为 85300101，计费源码 12，呼叫源码 12，如图 8-8 所示。

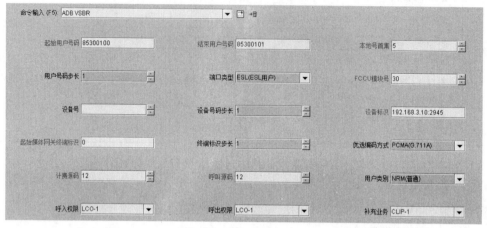

图 8-8　增加语音用户

说明：

- 对于 AMG 而言，由于需要增加大量的用户，为提高数据配置的效率，一般使用批增命令 ADB VSBR。
- 不同厂家生产的 AMG，其用户端口的终端标识的编号方式是不同的，此处是从 0 开始编号的（有的 AMG 是从 1 开始编号的）。
- 若为 ESL 用户开通 CID（来电显示）功能，则操作员需将命令中的"补充业务"参数的 CLIP 选项选中。

（5）配置号码分析数据：

ADD CNACLD 增加呼叫字冠：同图 7-8。

（6）执行联机操作：

① 打开格式转换开关，同 5.4.3 节 3（1）。

② 联机，同 5.4.3 节 3（2）。

2．UA5000 侧数据配置

下面介绍用命令行方法配置 UA5000 的数据。用串口线连 UA5000 的 COM 口，PC 上采用"超级终端"软件登录 UA5000 设备。

配置命令如下：

（1）进入全局配置模式：

enable

config

（2）增加机框 0：

frame add 0 0　（机框类型 0：MAIN_HABM_30(HABA)）

（3）批增业务单板：

board batadd 0/18 0/20 a32　（起始框号/槽位号 0/18，终止框号/槽位号 0/20，单板类型 A32） board confirm 0 （确认单板）

（4）设置上行接口的工作模式：以太网。

up-linkport set workmode eth1

（5）进入以太网接口，配置设备的 IP 地址和掩码、网关：

interface eth

ip modify 172.20.1.2 ip_address 192.168.3.10 submask 255.255.255.0 gateway 192.168.3.254 vlan_tag 0

quit （退出至全局配置模式）

（6）创建 H.248 MG 接口 0（可创建多个虚拟 MG 与 MGC 通信，H.248 协议编码方式默认为文本）：

interface h248 0

if-h248 attribute mgip 192.168.3.10 mgport 2945 mg-media-ip 192.168.3.10 transfer udp mgcip_1 10.26.102.13 mgcport_1 2944 （mgcip_1 为 softx3000 的信令接口 IP 地址）

if-h248 attribute start-negotiate-version 1

（7）冷启动，增加的 MG 接口在重启后才和 MGC 通信，如果正常，接口显示 normal：

reset coldstart

quit

（8）进入 esl 用户配置模式，配置 0/18 槽位的 PSTN 用户数据：

esl user

mgpstnuser batadd 0/18/0 0/18/31 0 terminalid 0 telno 85300100（批增 MG 接口 0 下的用户，从 0 框 18 槽的 0 端口到 31 端口，terminalid 从 0 开始，依次递增，电话号码从 85300100 开始，依次递增）

（9）退出至全局配置模式

quit

（10）保存数据

save

8.4.4 实验

根据下面规划数据进行 SoftX3000 侧的配置，实现 UA5000 下挂的语音用户的互拨互通，并且各用户均开通 CID（来电显示）功能。

（1）FCCU 板模块号 22，IFMI 模块号 132。

（2）SoftX3000 和 UA5000 之间的对接参数规划如表 8-2 所示。

表 8-2 SoftX3000 与 UA5000 对接参数规划

序　　号	对接参数项	参　数　值
1	SoftX3000 与 AMG 之间采用的控制协议	H.248 协议
2	H.248 协议的编码类型	ABNF（文本方式）
3	SoftX3000 的 IFMI 板的 IP 地址	10.26.102.13
4	AMG 的 IP 地址	192.168.3.15
5	SoftX3000 侧 H.248 协议的本地 UDP 端口号	2944
6	AMG 侧 H.248 协议的本地 UDP 端口号	2944

序　号	对接参数项	参　数　值
7	AMG 支持的语音编解码方式	G.711A、G.711μ、G.723.1、G.729
8	用户 A（终端标识为 0）的电话号码、本地号首集、呼叫源码、计费源码呼入、呼出权限、补充业务	66660040，0，1，1，本局，本局，主叫线识别
9	用户 B（终端标识为 1）的电话号码、本地号首集、呼叫源码、计费源码呼入、呼出权限、补充业务	66660041，0，1，1，本局，本局，主叫线识别提供

（3）呼叫字冠 6666，本地号首集 0，本局，基本业务，路由选择码 65535，计费选择码 1。

（4）基础数据配置脚本参见附录 C。

8.4.5　调测指导

在配置完 SoftX3000 与 AMG（采用 H.248 协议）对接数据后，用户可以按照调测步骤进行业务验证。

1. 检查网络连接是否正常

在 SoftX3000 客户端使用 ping 命令，或者在接口跟踪任务中使用 Ping 工具，检查 SoftX3000 与 AMG 之间的网络连接是否正常：

（1）如果网络连接正常，继续后续步骤。

（2）如果网络连接不正常，在排除网络故障后继续后续步骤。

2. 检查 AMG 是否已经正常注册

在 SoftX3000 的客户端上使用 DSP MGW 命令，查询该 AMG 是否已经正常注册，然后根据系统的返回结果决定下一步的操作：

（1）如果查询结果为 Normal，表示 AMG 正常注册，数据配置正确。

（2）如果查询结果为 Disconnect，表示 AMG 曾经进行过注册，但目前已经退出运行。此时，需要确认双方的配置数据是否曾经被修改过。

查询结果为 Fault，表示网关无法正常注册。此时，请使用 LST MGW 命令检查设备标识、远端 IP 地址、远端端口号、编码类型等参数的配置是否正确。

3. 拨打电话进行通话测试（66660040 与 66660041 电话互拨）

如果 AMG 能够正常注册，则可以使用电话进行拨打测试；如果通话正常，则说明数据配置正确；如果不能通话或通话不正常，则使用 DSP EPST 命令检查 AMG 的各终端是否已经正常注册。如果注册不正常，可使用 LST VSBR 命令检查模块号、设备标识、终端标识等参数的配置是否正确。

说明：如果 SoftX3000 侧数据配置正确，请确认 AMG 侧的参数设置是否正确。

8.5　任务验收

（1）硬件连接是否正确。

（2）数据配置内容是否完备、正确。

（3）电话互拨是否正常，有无告警。

（4）小组演示工作成果，并派代表陈述项目完成的思路、经过和遇到的问题等。

（5）验收过程中，随机提出问题，小组成员回答是否正确。

任务 9 SoftX3000 与 SIP 终端对接

9.1 任务描述

本任务通过一个小型的工程项目，让学生在实践中学习 SoftX3000 与 SIP 终端对接的典型组网、设备连接方法，SoftX3000 侧和 SIP 终端侧的数据配置方法。多媒体业务是 NGN 网络的基本业务之一，通过该任务可加强学生对 NGN 多媒体业务，SIP 终端和 SIP 协议的理解与应用能力。

本任务要求完成 SoftX3000 与 SIP 终端对接的硬件连接和数据配置，具体如下：

（1）掌握 SoftX3000 与 SIP 终端对接的硬件连接方法。

（2）根据数据规划，完成 SoftX3000 侧和 SIP 终端侧的数据配置。

（3）验证多媒体业务。

9.2 学习目标和实验器材

学习完该任务，你将能够：

（1）读懂 SoftX3000 与 SIP 终端设备对接项目的任务书，理解、明确任务要求。

（2）使用 Visio 软件完成 SoftX3000 与 SIP 终端设备对接的组网连接图。

（3）掌握 SoftX3000 与 SIP 终端设备对接数据配置的流程、命令和相关注意事项。能根据对接数据规划，完成 SoftX3000 侧和 SIP 终端侧的数据配置和业务调测。

（4）进行任务完成情况的评价。

（5）通过组员间相互协作加强沟通交流能力，形成团队精神。

实验器材：SoftX3000 设备、BAM 服务器、二层交换机、三层交换机、SIP 电话、华为 LMT 本地终端维护软件、e-Bridge 软件、Visio 软件、计算机等。

9.3 知识准备

9.3.1 整体介绍

Softx3000 设备与 SIP 终端在 NGN 网络中的位置如图 9-1 所示。

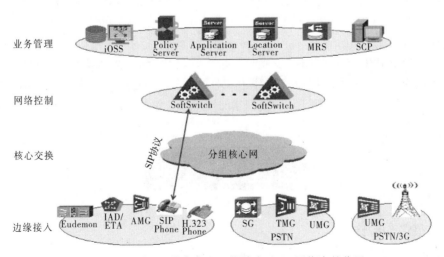

图 9-1 Softx3000 设备与 SIP 终端在 NGN 网络中的位置

多媒体业务是 NGN 网络的一项基本业务。

当 SIP 终端通过 IP 城域网接入 SoftX3000 时，其主要用途是为个人用户提供多媒体业务，包括语音业务、数据业务、视频业务等。SIP 终端采用 SIP 协议接入 SoftX3000 时的典型组网如图 9-2 所示。

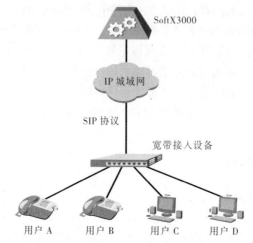

图 9-2　SoftX3000 与 SIP 终端典型组网

9.3.2　设备介绍

Yealink T26 SIP 电话（见图 9-3）的功能：

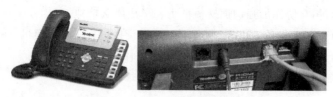

图 9-3　Yealink T26 SIP 电话

①支持 G.722 宽频语音编码；②采用带背光图形液晶屏支持中文显示，提供 3 个 SIP 账号；③话机自带三方语音电话会议；④话机自带 10 个可编程键；⑤支持耳麦接口，PoE 供电；⑥支持 LAN、OPen VPN、PnP 自动部署；⑦兼容主流的 IP-PBX；⑧适用于主管、前台、调度员、座席员等专业用户的需求。

以太网交换机 H3C S5100 为千兆交换机（见图 9-4），定位为企业网和城域网的汇聚层交换机或接入层交换机。该系列交换机下行提供 24 个自适应千兆接口，组网方式灵活，可以应用于企业网络的接入，也可用于运营商网络的用户接入和汇聚，以及用于数据中心服务器群的连接。

图 9-4　H3C S5100 交换机

9.3.3　硬件连接方法

SoftX3000 与 23 个 SIP 终端对接的硬件连接如图 9-5 所示。

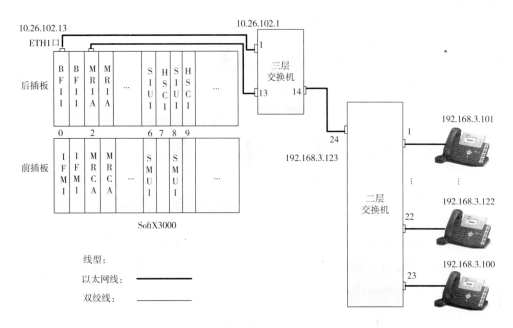

图 9-5　SoftX3000 与 SIP 终端对接硬件连接图（全 IP 组网，无双绞线）

9.3.4　SIP 协议

1. SIP 协议概述

会话初始协议（Session Initiation Protocol，SIP）是一个在 IP 网络上进行多媒体通信的应用控制（信令）协议，它被用来创建、修改和终结一个或多个参加者参加的会话进程。

SIP 作为一个应用层的多媒体会话信令协议，可以被用来发起一个会话进程、在会话中邀请其他参加者加入会议。

SIP 本身并不提供服务，但是，SIP 提供了一个基础，可以用来实现不同的服务。例如，SIP 可以定位用户和传输一个封装好的对象到对方的当前位置。如果利用这点来进行 SDP 传输会话的描述，对方的用户代理立刻可以得到这个会话参数。SIP 作为一个基础，可以在其上提供很多不同的服务。

安全对于提供的服务来说特别重要。要达到理想的安全程度，SIP 提供了一套安全服务，包括防止拒绝服务、认证服务（用户到用户、代理到用户）、完整性保证、加密和隐私服务。

SIP 协议的信令功能有：

（1）用户定位：确定参加通信的终端用户的位置。

（2）用户通信能力协商：确定通信的媒体类型和参数。

（3）用户意愿交互：确定被叫是否乐意参加某个通信。

（4）建立呼叫：包括向被叫"振铃"，确定主叫和被叫的呼叫参数。

（5）呼叫处理和控制：包括呼叫转移、终止呼叫等。

SIP 协议的网络成员（元素）有：用户终端、代理服务器、注册服务器、重定向服务器、位置服务器，如图 9-6 所示。

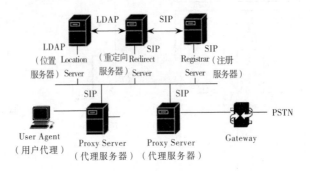

图 9-6　SIP 协议的网络元素

代理服务器是 SIP 网络的核心，包含了所有的服务逻辑，代表其他客户机发起请求，既充当服务器，又充当客户机的媒介程序，它在转发请求之前可能改写请求消息中的内容。

2. SIP 协议的消息类型和结构

SIP 消息采用文本方式编码，分为两类：请求消息和响应消息。

（1）请求消息：客户端为了激活按特定操作而发给服务器的 SIP 消息。

（2）响应消息：用于对请求消息进行响应，指示呼叫的成功或失败状态。

请求消息和响应消息都包括 SIP 头字段和 SIP 消息字段。

SIP 协议的请求消息如表 9-1 所示。

表 9-1　SIP 协议的请求消息

请 求 消 息	消 息 含 义
INVITE	发起会话请求，邀请用户加入一个会话，会话描述包含于消息体中。对于两方呼叫来说，主叫方在会话描述中指示其能够接收的媒体类型及其参数。被叫方必须在成功响应消息的消息体中指明其希望接收哪些媒体，还可以指示其行将发送的媒体
ACK	证实已收到对于 INVITE 请求的最终响应。该消息仅和 INVITE 消息配套使用
BYE	结束会话
CANCEL	取消尚未完成的请求，对于已完成的请求（即已收到最终响应的请求）则没有影响
REGISTER	注册
OPTIONS	查询服务器的能力

SIP 协议的响应消息如表 9-2 所示。

表 9-2　SIP 协议的响应消息

序　号	状 态 码	消 息 功 能
1xx	信息响应（呼叫进展响应）	表示已经接收到请求消息，正在对其进行处理
2xx	成功响应	表示请求已经被成功接收、处理
3xx	重定向响应	表示需要采取进一步动作，以完成该请求
4xx	客户出错	表示请求消息中包含语法错误或者 SIP 服务器不能完成对该请求消息的处理
5xx	服务器出错	表示 SIP 服务器故障不能完成对正确消息的处理
6xx	全局故障	表示请求不能在任何 SIP 服务器上实现

SIP 终端用户注册和呼叫的一般流程如图 9-7 所示。

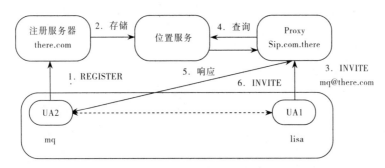

图 9-7　SIP 终端用户注册和呼叫的一般流程

9.4　任务实施

9.4.1　工作步骤

（1）完成设备间的硬件连接。

（2）根据配置练习的步骤，练习 SoftX3000 侧和 SIP 终端侧的数据配置方法。

（3）根据实验任务的数据规划内容，完成 SoftX3000 侧和 SIP 终端侧的数据配置。

（4）开通并依据调测指导验证多媒体业务。

9.4.2　数据规划

下面是为练习规划的数据。

（1）FCCU 板模块号 30，IFMI 模块号 134。

（2）MSGI 模块号 200，SIP 协议端口 5061。

（3）在配置 SoftX3000 侧和 SIP 终端侧的数据之前，操作员应就以下主要对接参数进行协商，如表 9-3 所示。

表 9-3　SoftX3000 与 SIP 终端对接参数表

序　号	对接参数项	参　数　值
1	SIP 终端设备 A 标识和认证密码	55550001，密码：55550001
2	SIP 终端设备 B 标识和认证密码	55550007，密码：55550007
3	用户 A（设备标识为 55550001）的电话号码，本地号首集，呼叫源码，计费源码，呼入、呼出权限，补充业务	55550001、5、12、12、本局、本局、主叫线识别提供
4	用户 B（设备标识为 55550007）的电话号码，本地号首集，呼叫源码，计费源码，呼入、呼出权限，补充业务	55550007、5、12、12、本局、本局、主叫线识别提供

（4）呼叫字冠 5555，本局、基本业务，路由选择码 65535，计费选择码 12。

9.4.3　配置练习

需要配置 SoftX3000 与 SIP 终端对接的网关数据、用户数据以及号码分析数据。

1. SoftX3000 侧数据配置

（1）执行脱机操作：

① 脱机，同 5.4.3 节 1（1）。

② 关闭格式转换开关，同 5.4.3 节 1（2）。

（2）配置基础数据：基础数据包括硬件数据和本局、计费数据，是任务 5 和任务 6 学习的内容，这里采用脚本的方式，用批处理方法执行，如图 6-2 所示。基础数据练习配置脚本参见附录 C。

（3）配置 SIP 协议数据：

① 输入 SET SIPCFG 命令，设置 SIP 协议全局配置信息，如图 9-8 所示。

图 9-8　设置 SIP 协议全局配置信息

② 输入 SET SIPLP 命令，设置处理 SIP 协议 MSGI 板（模块号为 200）的本地端口号，如图 9-9 所示。

图 9-9　设置 MSGI 板的本地端口号

说明：从 SIP 终端发到 SoftX3000 的第 1 个 SIP 消息中，此消息携带 SIP 知名端口 5060。IFMI 收到此 SIP 消息包后，以负荷分担的方式将 SIP 消息发送到 MSGI 板进行处理。接着，从 SoftX3000 IFMI 板发出的 SIP 消息包中，携带了处理第 1 个 SIP 消息在此配置的 MSGI 本地端口号 5061。SIP 终端收到返回的 SIP 消息包后，其发出后续 SIP 消息中携带 MSGI 本地端口号 5061，SoftX3000 IFMI 板收到报文后，根据端口号 5061 直接发送到指定的 MSGI 进行处理。

（4）配置多媒体设备数据：

① 输入 ADD MMTE 命令，增加多媒体设备。增加 1 个采用 SIP 协议的多媒体设备，设备标识为 55550001，FCCU 模块号为 30，IFMI 模块号为 134，如图 9-10 所示。

图 9-10　增加多媒体设备 55550001

② 输入 ADD MMTE 命令，增加多媒体设备。增加 1 个采用 SIP 协议的多媒体设备，设备标识为 55550007，FCCU 模块号为 30，IFMI 模块号为 134，如图 9-11 所示。

图 9-11　增加多媒体设备 55550007

说明：命令中的"设备标识"参数相当于 SIP 协议的注册用户名，"认证密码"相当于 SIP 协议的注册密码。

（5）配置用户数据：

① 输入 ADD MSBR 命令，增加多媒体用户，增加 1 个 SIP 用户，用户号码 55550001，如图 9-12 所示。

② 输入 ADD MSBR 命令，增加多媒体用户，增加 1 个 SIP 用户，用户号码 55550007，如图 9-13 所示。

图 9-12　增加多媒体用户 55550001

图 9-13　增加多媒体用户 55550007

（6）配置号码分析数据：输入 ADD CNACLD 命令，增加呼叫字冠，如图 9-14 所示。

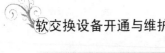

图 9-14　增加呼叫字冠

说明：为确保系统计费的可靠性，操作员必须为每一个呼叫字冠配置一个有效的计费选择码，此处为 12。

（7）执行联机操作：

① 打开格式转换开关，同 5.4.3 节 3（1）。

② 联机，同 5.4.3 节 3（2）。

2．SIP 电话侧数据配置

Yealink T26 SIP 电话的液晶界面和部分键盘如图 9-15 所示，通过话机界面进行数据配置。

（1）单击"菜单"按钮，选择"设置"→"高级设置（密码：admin）"→"网络"→"WAN 口"→"手动配置 IP"。

（2）设置 IP 地址、子网掩码、默认网关等，如图 9-16 所示。

IP 地址：192.168.3.1xx；子网掩码：255.255.255.0；默认网关：192.168.3.254；其他默认。

图 9-15　Yealink T26 SIP 电话液晶界面和部分键盘

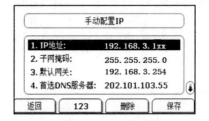

图 9-16　IP 地址配置

注意：网络信息更改后会自动重启。

（3）单击"菜单"按钮，选择"设置"→"高级设置（密码：admin）"→"账号"。

（4）选择要设置的账号，进入。分别设置标签、显示名、注册名、用户名、密码、SIP 服务器等信息。

标签：666600xx；显示名：666600xx；注册名：666600xx；用户名：666600xx；密码：666600xx；SIP server：10.26.102.13；其他默认即可。

（5）单击"保存"按钮进行保存。

注意：xx 为分配给学生 SIP 电话的编号。

9.4.4　实验

根据下面规划数据进行 SoftX3000 侧和 SIP 电话侧的配置,实现两个 SIP 电话上的多媒体用户的互拨互通,并且各用户均开通 CID(来电显示)功能。

(1)FCCU 板模块号 22,IFMI 模块号 132。

(2)MSGI 模块号 211,SIP 协议端口 5061。

(3)在配置 SoftX3000 侧和 SIP 终端侧的数据之前,操作员应就以下主要对接参数进行协商,如表 9-4 所示。

表 9-4　SoftX3000 与 SIP 终端对接参数表

序　号	对接参数项	参　数　值
1	SIP 终端设备 A 标识和认证密码	66660001,密码:66660001
2	SIP 终端设备 B 标识和认证密码	66660007,密码:66660007
3	用户 A(设备标识为 66660001)的电话号码,本地号首集,呼叫源码,计费源码,呼入、呼出权限,补充业务	66660001、0、1、1、本局、本局,主叫线识别提供
4	用户 B(设备标识为 66660007)的电话号码,本地号首集,呼叫源码,计费源码,呼入、呼出权限,补充业务	66660007、0、1、1、本局、本局,主叫线识别提供

(4)呼叫字冠 6666,本地号首集 0,本局、基本业务,路由选择码 65535,计费选择码 1。

(5)基础数据配置脚本参见附录 C。

9.4.5　调测指导

在配置完 SoftX3000 与 SIP 终端设备对接数据后,用户可以按照调测步骤进行业务验证。

1. 检查网络连接是否正常

在 SoftX3000 客户端使用 ping 命令,或者在接口跟踪任务中使用 Ping 工具,检查 SoftX3000 与各 SIP 终端之间的网络连接是否正常:

(1)网络连接正常,请继续后续步骤。

(2)网络连接不正常,请在排除网络故障后继续后续步骤。

2. 检查 SIP 终端是否已经正常注册

在 SoftX3000 的客户端上使用 DSP EPST 命令,查询 SIP 终端是否已经正常注册,然后根据系统的返回结果决定下一步的操作:

(1)如果查询结果为 Register,表示 SIP 终端正常注册,数据配置正确。

(2)如果查询结果为 UnRegister,表示网关无法正常注册。此时,请使用 LST MMTE 命令检查设备标识、注册(认证)类型、注册(认证)密码等参数的配置是否正确。

3. 拨打电话进行通话测试

若 SIP 终端能够正常注册,则可以使用电话进行拨打测试:

(1)如果通话正常,则说明数据配置正确。

(2)如果不能通话或通话不正常,请确认 SIP 终端侧的参数设置是否正确。

9.5　任务验收

(1)硬件连接是否正确。

(2)数据配置内容是否完备、正确。

（3）电话互拨是否正常，有无告警。

（4）小组演示工作成果，并派代表陈述任务完成的思路、经过和遇到的问题等。

（5）验收过程中，随机提出问题，小组成员回答是否正确。

任务 10　SoftX3000 IP-Centrex 业务开通

10.1　任务描述

本任务通过一个小型的工程项目，让学生在实践中学习 IP-Centrex 业务 SoftX3000 侧的数据配置方法。IP-Centrex 业务是 NGN 网络的基本业务之一，通过该任务可加强学生对 NGN IP-Centrex 业务的理解与应用能力。

本任务要求完成 SoftX3000 侧 IP-Centrex 业务开通的数据配置，具体如下：

（1）根据数据规划，完成 IP-Centrex 业务开通的数据配置。

（2）验证 IP-Centrex 业务。

10.2　学习目标和实验器材

学习完该任务，你将能够：

（1）读懂 IP-Centrex 业务开通的任务书，理解、明确任务要求。

（2）掌握 IP-Centrex 业务开通数据配置的流程、命令和相关注意事项。根据数据规划，完成 IP-Centrex 业务开通的数据配置和业务调测。

（3）进行任务完成情况的评价。

（4）通过组员间相互协作加强沟通交流能力，形成团队精神。

实验器材：SoftX3000 设备、BAM 服务器、两层交换机、三层交换机、UA5000、IAD、模拟话机、华为 LMT 本地终端维护软件、e-Bridge 软件、Visio 软件、计算机等。

10.3　知识准备

10.3.1　业务介绍

Centrex 是公共电话网络交换机的一种功能。在公共电话网络交换机上将部分用户划分为一个基本用户群，向该用户群提供用户专用交换机的各种功能。

Centrex 具有组网灵活性、业务多样性、与公网技术同时进步、专业化维护和保护用户原有投资的特点。

IP Centrex 是一种基于 IP 的 Centrex 业务，是在继承 PSTN 网中 Centrex 业务的基础上，融合了 IP 网的灵活性而产生的一种增值业务。

IP Centrex 的业务种类主要有：

（1）具有公用网上的所有基本业务及补充业务。

（2）Centrex 群外用户直拨群内分机。

（3）Centrex 群内用户拨群外用户时，先拨出群字冠后，可听或不听二次拨号音，再拨群外号码。

（4）可根据需要设置 Centrex 用户呼叫权限级别，包括群内呼出、群内呼入、群外呼出、群外呼入。

（5）Centrex 群内用户可拨话务台接入码或拨话务台分机号呼叫话务员。

（6）Centrex 话务员功能，包括排队呼叫、协助群内用户拨外线或将外线来话转群内分机、夜服功能，在遇被叫用户忙时进行插入及强拆。

（7）话务台对群内用户的呼叫权限进行修改。

（8）按时间限制呼叫组：可以限制某个 Centrex 群在固定的几段时间内的呼入、呼出权限。

（9）群内呼叫计费：一般群内短号呼叫属于免费，在现实运用中，也可以对 WAC 广域 Centrex 群之类的业务进行计费。

IP Centrex 是 NGN 网络的一项基本业务。

某集团用户向运营商申请 IP Centrex 业务，要求将其所有的 ESL 用户、SIP 用户、H.323 用户、U-Path、OpenEye 等全部加入 Centrex 群，其接入组网示意图如图 10-1 所示。

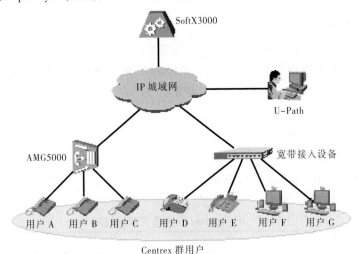

图 10-1　某集团用户的接入组网示意图

有下面几个重要概念：

（1）Centrex 群号：每个 Centrex 群包含多个用户，每个 Centrex 群具有唯一的群号，群号由网管中心统一配置。同一局内不同的 Centrex 群不能指定相同的 Centrex 群号。

（2）Centrex 群内分组：由网管中心统一配置，如 0 或 1。

（3）长短号：每个 Centrex 用户有两个号码。长号的号长与非 Centrex 用户相同，群外的用户用长号来呼叫 Centrex 用户。短号用于 Centrex 群内用户之间的呼叫。

（4）群内字冠：一般为 8，与用户号码后 3 位组成 4 位短号，如用户号码为 85300001，群内字冠为 8，用户短号就是 8001。

（5）出群字冠：Centrex 用户出群呼叫必须拨的字冠，一般为 9。Centrex 用户拨打非群内用户，需要在电话号码前加拨出群字冠才能实现外呼。

10.3.2　组网示例

IP Centrex 业务开通的组网示例 10-2 所示。

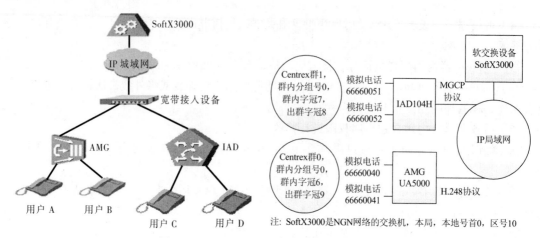

图 10-2　IP Centrex 业务开通的组网示例图

10.4　任务实施

10.4.1　工作步骤

（1）根据配置练习的步骤，练习 IP Centrex 业务开通的数据配置方法。

（2）根据实验任务的数据规划内容，完成 SoftX3000 侧和 SIP 终端侧的数据配置。

（3）开通并依据调测指导验证 IP Centrex 业务。

10.4.2　数据规划

下面是为练习规划的数据：

（1）FCCU 模块号 30，IFMI 模块号 134。

（2）SoftX3000 信令面 IP 地址 10.26.102.13。

（3）其他信息如表 10-1 所示。

表 10-1　IP Centrex 业务练习数据规划

呼叫源本地号首集	5			
呼叫源码	13（路由源码 13，失败源码 13）			
计费源码	12			
Centrex 群	群号	4		5
	群内分组	0		0
	群内字冠	2		4
	出群字冠	3		5
	媒体网关 设备名称	192.168.3.25:2946		iad009.com
	媒体网关 IP 地址	192.168.3.25		192.168.3.171
	媒体网关 远端端口号	2946		2429
	媒体网关 协议编码类型	ASN.（二进制方式）		ABNF（文本方式）
	媒体网关 编解码列表	PCMA，PCMU，G7231，G729，T38		PCMA，PCMU，G7231，G729，T38
	语音用户	55550040，终端标识：0	55550041，终端标识：1	55550051，终端标识：2	55550052,终端标识：3
	群内短号	2040	2041	4051	4052

（4）呼叫字冠 5555，本局、基本业务，路由选择码 65535，计费选择码 12。

10.4.3 配置练习

1．SoftX3000 侧数据配置

（1）执行脱机操作：

① 脱机，同 5.4.3 节 1（1）。

② 关闭格式转换开关，同 5.4.3 节 1（2）。

（2）配置基础数据：

基础数据包括硬件数据和本局、计费数据，是任务 5 和任务 6 学习的内容，这里采用脚本的方式，用批处理方法执行（见图 6-2）。基础数据配置脚本参见附录 C。

（3）增加呼叫源：输入 ADD CALLSRC 命令，增加呼叫源码 13，用于 Centrex 用户，其预收号位数为 1，如图 10-3 所示。

图 10-3　增加呼叫源

（4）配置媒体网关：

① 输入 ADD MGW 命令，增加媒体网关。增加一个采用 H.248 协议的 AMG，设备标识为 192.168.3.25:2946，如图 10-4 所示。

说明：当 MG 采用 H.248 协议时，命令中的"设备标识"参数的格式为"IP 地址：端口号"，此处为 192.168.3.25:2946。

② 输入 ADD MGW 命令，增加媒体网关。增加一个采用 MGCP 协议的 IAD，设备标识为 iad009.com，FCCU 模块号 30，如图 10-5 所示。

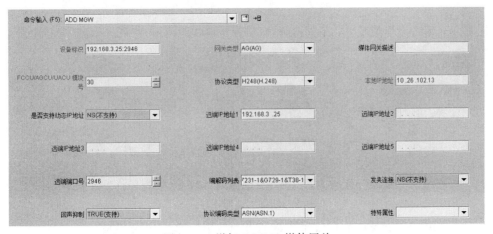

图 10-4　增加 UA5000 媒体网关

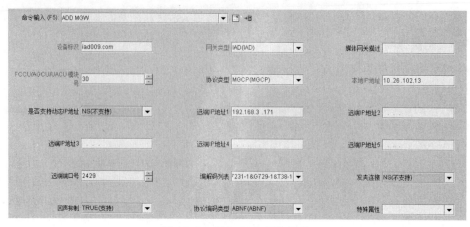

图 10-5　增加 IAD 媒体网关

说明：当 MG 采用 MGCP 协议时，命令中的"设备标识"为 IAD 域名，此处为 iad009.com。

（5）配置 Centrex 数据：

① 输入 ADD CXGRP 命令，增加 Centrex 群，如图 10-6 所示。

图 10-6　增加 Centrex 群 4

② 输入 ADD CXSUBGRP 命令，增加 Centrex 群内分组，如图 10-7 所示。

图 10-7　增加第 4 群内分组

③ 输入 ADD ICXPFX 命令，增加 Centrex 群内字冠，如图 10-8 所示。

图 10-8　增加第 4 群内字冠

④ 输入 ADD OCXPFX 命令，增加 Centrex 出群字冠，如图 10-9 所示。

图 10-9 增加第 4 群出群字冠

⑤ ADD CXGRP 增加 Centrex 群, 如图 10-10 所示。

图 10-10 增加 Centrex 群 5

⑥ 输入 ADD CXSUBGRP 命令, 增加 Centrex 群内分组, 如图 10-11 所示。

图 10-11 增加第 5 群内分组

⑦ 输入 ADD ICXPFX 命令, 增加 Centrex 群内字冠, 如图 10-12 所示。

图 10-12 增加第 5 群内字冠

⑧ 输入 ADD OCXPFX 命令, 增加 Centrex 出群字冠, 如图 10-13 所示。

图 10-13 增加第 5 群出群字冠

(6) 配置用户数据:

① 输入 ADB VSBR 命令, 增加语音用户, 批增 2 个 ESL 用户。起始用户号码为 55550040, 结束用户号码为 55550041, 如图 10-14 所示。

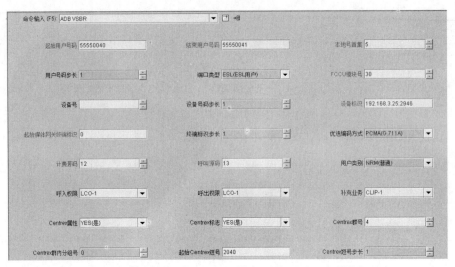

图 10-14　增加 2 个 UA5000 设备下的 IP-Centrex 用户

说明：对于 AMG 而言，由于需要增加大量的用户，为提高数据配置的效率，一般使用批增命令 ADB VSBR。

② 输入 ADB VSBR 命令，增加语音用户。批增 2 个 ESL 用户，本地号首集为 5，起始用户号码为 55550051，结束用户号码为 55550052，计费源码为 12，呼叫源码为 13，如图 10-15 所示。

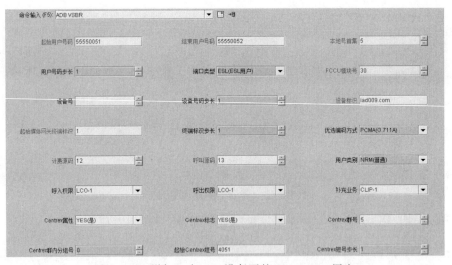

图 10-15　增加 2 个 IAD 设备下的 IP-Centrex 用户

（7）配置号码分析数据 ADD CNACLD 增加呼叫字冠，同图 9-14。

（8）执行联机操作：

① 打开格式转换开关，同 5.4.3 节 3（1）。

② 联机，同 5.4.3 节 3（2）。

2. IAD 设备侧数据配置

方法请见 7.4.3 节 2。

3．UA5000 设备侧数据配置

方法请见 8.4.3 节 2。

10.4.4 实验

根据下面规划数据进行 SoftX3000 侧和 UA5000 设备侧、IAD 设备侧的配置，实现两个群用户间的群内互拨互通，出群互拨互通，并且各用户均开通 CID（来电显示）功能。

（1）FCCU 板模块号 22，IFMI 模块号 132。

（2）SoftX3000 信令面 IP 地址 10.26.102.13。

（3）其他信息如表 10-2 所示。

表 10-2　IP Centrex 业务任务数据规划

呼叫源本地号首集	0			
呼叫源码	2（路由源码 2，失败源码 2）			
计费源码	1			
Centrex 群	群号	0		1	
	群内分组	0		0	
	群内字冠	6		8	
	出群字冠	7		9	
	媒体网关　设备名称	192.168.3.15:2944		iad001.com	
	媒体网关　IP 地址	192.168.3.15		192.168.3.151	
	媒体网关　远端端口号	2944		2427	
	媒体网关　协议编码类型	ABNF（文本方式）		ABNF（文本方式）	
	媒体网关　编解码列表	PCMA、PCMU、G7231、G729、T38		PCMA、PCMU、G7231、G729、T38	
	语音用户	66660040，终端标识：0	66660041，终端标识：1	66660051，终端标识：2	66660052，终端标识：3
	群内短号	6040	6041	8051	8052

（4）呼叫字冠 6666，本局、基本业务，路由选择码 65535，计费选择码 1。

（5）基础数据配置脚本参见附录 C。

10.4.5 调测指导

先按照 7.4.5 和 8.4.5 节介绍的方法检查两个媒体网关设备下的用户是否正常注册。如果正常，请按下面步骤验证 Centrex 业务：

（1）群内电话短号互拨。如果互拨不正常，请使用 LST VSBR 命令检查 Centrex 属性、Centrex 标志、Centrex 群号、Centrex 群内分组号、Centrex 短号等参数的配置是否正确，并使用 LST ICXPFX 命令检查群内字冠的定义是否正确。

（2）群内电话拨群外电话。如果互拨不正常，请使用 LST OCXPFX 命令检查出群字冠的定义是否正确。

10.5　任务验收

（1）数据配置内容是否完备、正确。

（2）电话互拨是否正常，有无告警。

（3）小组演示工作成果，并派代表陈述项目完成的思路、经过和遇到的问题等。

（4）验收过程中，随机提出问题，小组成员回答是否正确。

任务 11　SoftX3000 局内国内、国际长途业务配置

11.1　任务描述

本任务通过一个小型的工程项目，让学生在实践中学习局内国内、国际长途业务的数据规划和 SoftX3000 侧的数据配置方法。通过该任务可加强学生对本地号首、呼叫字冠、号码分析等内容的理解与应用能力。

本任务要求完成 SoftX3000 侧局内国内、国际长途业务开通的数据配置，具体如下：

（1）根据数据规划，完成局内国内、国际长途业务开通的数据配置。

（2）验证局内国内、国际长途业务。

11.2　学习目标和实验器材

学习完该任务，你将能够：

（1）读懂局内国内、国际长途业务开通项目的任务书，理解、明确任务要求。

（2）掌握局内国内、国际长途业务开通数据配置的流程、命令和相关注意事项。能根据数据规划，完成局内国内、国际长途业务开通的数据配置和业务调测。

（3）能够进行项目完成情况的评价。

（4）通过组员间相互协作加强沟通交流能力，形成团队精神。

实验器材：SoftX3000 设备、BAM 服务器、二层交换机、三层交换机、UA5000 设备、IAD104H、SIP 软终端、模拟话机、华为 LMT 本地终端维护软件、e-Bridge 软件、Visio 软件、计算机等。

11.3　知识准备

11.3.1　知识回顾

全局号首集是具有全局意义的号首的集合，主要用于标识不同的网络，如公网和私网。本地号首集用于在一个网络内标识不同的本地网。

同一号首集（相同的国家、国内区号）下用户互拨，需要定义本局呼叫字冠，一般为用户号码的前 4 位。

同局不同的国家（号首集一定不同）间用户互拨，需要定义局内国际长途呼叫字冠，一般定义为 00。

同局号首集不同的地区间用户互拨，需要定义局内国内长途呼叫字冠，一般定义为 0。

呼叫源码必须本局唯一，呼叫源只能属于某一个本地号首集。

常用的计费方式是目的码计费，是以"计费选择码"与"主叫方计费源码"为主要判据的计费方式。

计费情况必须本局唯一，每种计费情况都需要定义计费模式。

11.3.2 组网示例

局内国内、国际长途业务开通的组网示例 11–1 所示。

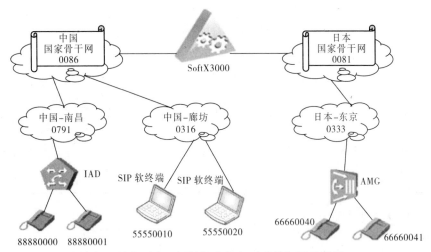

图 11–1 局内国内、国际长途业务开通的组网示例图

11.4 任务实施

11.4.1 工作步骤

（1）根据配置方法的步骤，完成 SoftX3000 侧局内国内、国际长途业务的开通配置。

（2）根据 SIP 软终端的配置指导，完成 SIP 软终端侧的配置。

（3）调试局内长途业务。

（4）试着自己规划一套局内长途业务的数据，并完成配置和业务调测。

11.4.2 数据规划

下面是为练习规划的数据：

（1）FCCU 模块号 22，IFMI 模块号 132。

（2）SoftX3000 信令面 IP 地址 10.26.102.13。

（3）MSGI 模块号 211，SIP 协议端口 5061。

（4）其他信息如表 11–1 所示。

表 11–1 局内国内、国际长途业务练习数据规划

本地号首集	0	1	2
国家码	中国：86	中国：86	日本：81
国内区号	廊坊：316	南昌：791	东京：333
呼叫源	0	1	2
路由选择源码	0	1	2
失败源码	0	1	2
计费情况	0	1	2
计费源码	0	1	2
计费选择码	0	1	2

媒体网关或者多媒体设备	多媒体设备1：55550010，EID认证密码：55550010	IAD 媒体网关设备：iad001.com； 控制协议：MGCP，协议编码类型：文本；IFMI板IP地址：10.26.102.13；IAD IP 地址：192.168.3.151；远端端口：2427	UA5000 媒体网关设备：192.168.3.15:2944； 控制协议：H.248；协议编码类型：文本；IFMI板IP地址：10.26.102.13；AG IP 地址：192.168.3.15；远端端口：2944
	多媒体设备2：55550020，EID认证密码：55550020		
用户号码1	55550010	88880000，终端标识：1	66660040，终端标识：0
用户号码2	55550020	88880001，终端标识：2	66660041，终端标识：1
本局呼叫字冠	5555	8888	6666
局内国内长途呼叫字冠	0	0	0
局内国际长途呼叫字冠	00	00	00

（5）计费情况规划：

① 计费情况：0，无CRG计费，集中计费，主叫付费，详细话单。

② 计费情况：1，无CRG计费，集中计费，主叫付费，详细话单。

③ 计费情况：2，无CRG计费，集中计费，主叫付费，详细话单。

（6）计费源码规划：

① 廊坊用户：计费源码0。

② 南昌用户：计费源码1。

③ 东京用户：计费源码2。

（7）计费选择码规划：

① 廊坊用户：计费选择码0。

② 南昌用户：计费选择码1。

③ 东京用户：计费选择码2。

（8）计费方式规划：采用目的码计费方式，所有业务，所有话单类型，所有编码类型，如表11-2所示。

表11-2　任务的目的码计费表

呼叫关系	主叫方计费源码	计费选择码	计费情况
廊坊用户群群内呼叫，局内国内长途、局内国际长途呼叫	0	0	0
南昌用户群群内呼叫，局内国内长途、局内国际长途呼叫	1	1	1
日本东京用户群群内呼叫，局内国内长途、局内国际长途呼叫	2	2	2

11.4.3　配置练习

1. SoftX3000侧数据配置

（1）执行脱机操作：

① 脱机，同5.4.3节1（1）。

② 关闭格式转换开关，同5.4.3节1（2）。

（2）配置硬件数据：

硬件数据配置是任务5的学习内容，这里采用脚本的方式，用批处理方法执行（见图6-2）。

硬件数据配置脚本参见附录 C。

（3）配置本局信息与廊坊、南昌用户群数据、计费数据：

① 输入 SET OFI 命令，设置本局信息，本局信令点编码为 333333（国内网编码），时区索引 0，如图 11-2 所示。

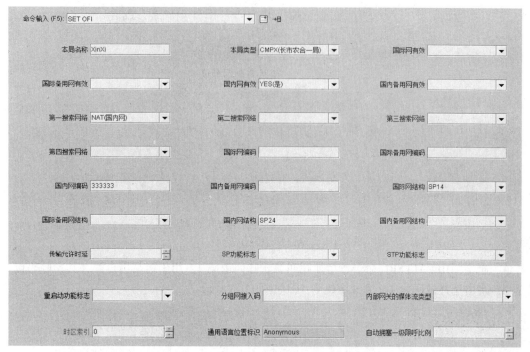

图 11-2　设置本局信息

② 输入 ADD DMAP 命令，增加数图。增加 H.248 协议和 MGCP 协议的数图，方法参见图 6-4 和图 6-5。

③ 输入 ADD LDNSET 命令，增加本地号首集 0，国家地区码为 86，国内长途区号为 316，如图 11-3 所示。

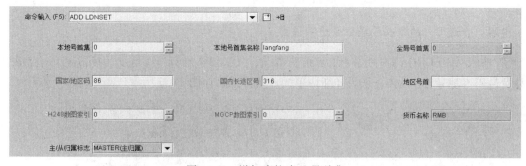

图 11-3　增加廊坊本地号首集

④ 输入 ADD LDNSET 命令，增加本地号首集 1，国家地区码为 86，国内长途区号为 719。如图 11-4 所示。

⑤ 输入 ADD CALLSRC 命令，增加呼叫源，且必须本局唯一。呼叫源码 0，用于廊坊用户群，其预收码位数为 3，路由选择源码 0，失败源码 0，如图 11-5 所示。

图 11-4　增加南昌本地号首集

图 11-5　增加呼叫源 0

⑥ 输入 ADD CALLSRC 命令，增加呼叫源。呼叫源码 1，用于南昌用户群，其预收码位数为 3，路由选择源码为 1，失败源码为 1，如图 11-6 所示。

图 11-6　增加呼叫源 1

说明：普通用户的预收号码位数通常设为 3。

⑦ 输入 ADD CHGANA 命令，增加计费情况，且必须本局唯一。增加计费情况 0，应用于计费号码本地号首集为 0，采用详细话单的计费方式，如图 11-7 所示。

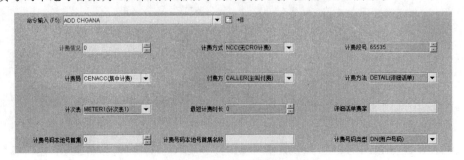

图 11-7　增加计费情况 0

⑧ 输入 ADD CHGANA 命令，增加计费情况 1，应用于计费号码本地号首集为 1，采用详细话单的计费方式，如图 11-8 所示。

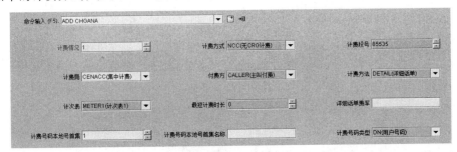

图 11-8　增加计费情况 1

⑨ 输入 MOD CHGMODE 命令，定义计费情况 0 的收费模式，如图 11-9 所示。

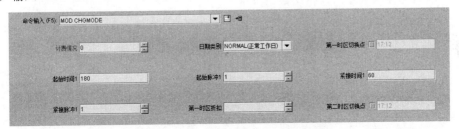

图 11-9　定义计费情况 0 的收费模式

⑩ 输入 MOD CHGMODE 命令，定义计费情况 1 的收费模式，如图 11-10 所示。

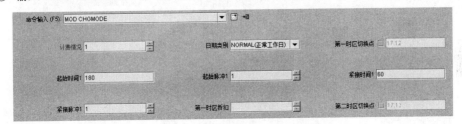

图 11-10　定义计费情况 1 的收费模式

⑪ 输入 ADD CHGIDX 命令，增加计费情况 0 的目的码计费索引，如图 11-11 所示。

图 11-11　增加计费情况 0 索引

⑫ 输入 ADD CHGIDX 命令，增加计费情况 1 的目的码计费索引，如图 11-12 所示。

图 11-12　增加计费情况 1 索引

说明：目的码计费是以"计费选择码"与"主叫方计费源码"为主要判据的计费方式，用于本局用户（或入中继）在发起呼叫时的计费。

（4）配置 SIP 协议数据：

① 输入 SET SIPCFG 命令，设置 SIP 协议全局配置信息，参见图 9-8。

② 输入 SET SIPLP 命令，设置处理 SIP 协议 MSGI 板（模块号为 211）的本地端口号，如图 11-13 所示。

图 11-13　设置 MSGI 板的本地端口号

（5）配置廊坊用户群多媒体设备和用户

① 输入 ADD MMTE 命令，增加多媒体设备。增加廊坊用户群的 2 个采用 SIP 协议的多媒体设备，如图 11-14 和 11-15 所示。

图 11-14　增加多媒体设备 55550010

注意：此处设备标识和认证密码配置一致。

图 11-15　增加多媒体设备 55550020

说明：命令中的"设备标识"参数相当于 SIP 协议的注册用户名，"认证密码"相当于 SIP 协议的注册密码。

② 输入 ADD MSBR 命令，增加多媒体用户。增加廊坊用户群的 2 个 SIP 用户，如图 11-16 和 11-17 所示。

（6）配置南昌用户群媒体网关设备和用户

① 输入 ADD MGW 命令，增加媒体网关。增加一个采用 MGCP 协议的 IAD，设备标识为 iad001.com，FCCU 模块号 22，如图 11-18 所示。

图 11-16 增加多媒体用户 55550010

图 11-17 增加多媒体用户 55550020

图 11-18 增加媒体网关 iad001.com

② 输入 ADB VSBR 命令，增加语音用户。批增 2 个 ESL 用户。本地号首集为 1，起始号码为 88880000，终止号码为 88880001，计费源码为 1，呼叫源码为 1，如图 11-19 所示。

图 11-19 批增南昌用户

（7）配置中国侧号码分析数据：

① 输入 ADD CNACLD 命令，增加呼叫字冠 5555，本地号首集为 0。如图 11-20 所示。

图 11-20　增加廊坊用户本局呼叫字冠

② 输入 ADD CNACLD 命令，增加呼叫字冠 8888，本地号首集为 1，如图 11-21 所示。

图 11-21　增加南昌用户本局呼叫字冠

③ 输入 ADD CNACLD 命令，增加呼叫字冠 0，本地号首集为 0，如图 11-22 所示。

图 11-22　增加廊坊用户群局内国内长途字冠

④ 输入 ADD CNACLD 命令，增加呼叫字冠 0，本地号首集为 1，如图 11-23 所示。

图 11-23　增加南昌用户群局内国内长途字冠

⑤ 输入 ADD CNACLD 命令，增加呼叫字冠 00，本地号首集为 0，如图 11-24 所示。

图 11-24 增加廊坊用户群局内国际长途字冠

⑥ 输入 ADD CNACLD 命令，增加呼叫字冠 00，本地号首集为 1，如图 11-25 所示。

图 11-25 增加南昌用户群局内国际长途字冠

（8）配置日本东京用户群、计费信息：

① 输入 ADD PFXTOL 命令，增加长途字冠描述。全局号首集为 0，国家/地区码为 86，国内长途字冠为 0，国际长途字冠为 00；中国的长途字冠描述在 BAM 服务器系统初始化时有默认配置，本任务不需要配置，如图 11-26 所示。

图 11-26 增加日本国家长途字冠描述

② 输入 ADD ACODE 命令，增加国内长途区号。全局号首集为 0，国家/地区码为 81，国内长途区号为 333；城市名：日本东京；行政区号：1。同样，中国的国内长途区号在系统初始化时有默认配置，不需要配置，如图 11-27 所示。

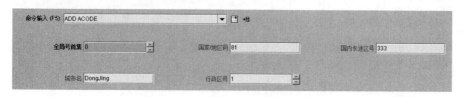

图 11-27 增加东京国内长途区号

③ 输入 ADD LDNSET 命令，增加本地号首集。本地号首集为 2，国家/地区码为 81，国内长途区号为 333，如图 11-28 所示。

图 11-28　增加本地号首集 2

④ 输入 ADD CALLSRC 命令，增加呼叫源码 2。呼叫源码必须本局唯一。呼叫源码为 2，用于日本东京用户群，其预收码位数为 3，路由选择源码为 2，失败源码为 2，如图 11-29 所示。

图 11-29　增加呼叫源 2

⑤ 输入 ADD CHGANA 命令，增加计费情况 2，计费情况必须本局唯一。计费号码本地号首集为 2，采用 DETAIL（详细话单）的计费方式，如图 11-30 所示。

图 11-30　增加计费情况 2

⑥ 输入 MOD CHGMODE 命令，定义计费情况 2 的收费模式，如图 11-31 所示。

图 11-31　定义计费情况 2 的收费模式

⑦ 输入 ADD CHGIDX 命令，增加计费情况 2 的目的码计费索引，如图 11-32 所示。

图 11-32　增加计费情况 2 的目的码索引

（9）配置东京用户群媒体网关设备和用户：

① 输入 ADD MGW 命令，增加媒体网关，这里采用 UA5000 媒体网关。加一个采用 H.248 协议的 AMG，设备标识为 192.168.3.15:2944，FCCU 模块号为 22，如图 11-33 所示。

图 11-33　增加 UA5000 媒体网关

说明：当 MG 采用 H.248 协议时，命令中的"设备标识"参数的格式为"IP 地址：端口号"，此处为 192.168.3.15:2944。

② 输入 ADB VSBR 命令，增加语音用户。批增 2 个 ESL 用户。本地号首集为 2，起始用户号码为 66660040，结束用户号码为 66660041，计费源码为 2，呼叫源码为 2，如图 11-34 所示。

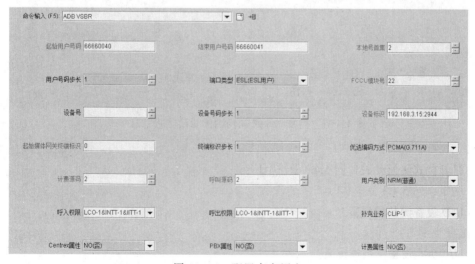

图 11-34　配置东京用户

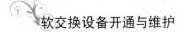

说明：对于 AMG 而言，由于需要增加大量的用户，为提高数据配置的效率，一般使用批增命令 ADB VSBR。

（10）配置日本侧号码分析数据：

① 输入 ADD CNACLD 命令，增加呼叫字冠 6666，本地号首集为 2，如图 11-35 所示。

图 11-35　增加东京群本局呼叫字冠

② 输入 ADD CNACLD 命令，增加呼叫字冠 0，本地号首集为 2，如图 11-36 所示。

图 11-36　增加东京群局内国内长途呼叫字冠

③ 输入 ADD CNACLD 命令，增加呼叫字冠 00，本地号首集为 2，如图 11-37 所示。

图 11-37　增加东京群局内国际长途呼叫字冠

（11）执行联机操作：

① 打开格式转换开关，同 5.4.3 节 3（1）。

② 联机，同 5.4.3 节 3（2）。

2．IAD 设备侧数据配置

方法可参考 7.4.3 节 2。

3．UA5000 设备侧数据配置

方法可参考 8.4.3 节 2。

4．华为 eSpaceSoftPhone 设备数据配置

（1）打开软终端，单击左下角的高级配置按钮，如图 11-38 所示。

（2）登录服务器设置，如图 11-39 所示。

图 11-38　启动界面　　　　　　　　　图 11-39　登录服务器设置界面

（3）账户登录。输入账户、密码，单击"登录"按钮，如图 11-40 所示。

（4）输入对方号码后，单击"呼叫"按钮拨打电话，如图 11-41 所示。

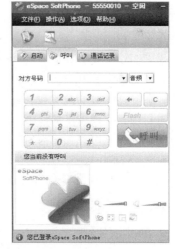

图 11-40　账号登录　　　　　　　　　图 11-41　电话呼叫

11.4.4　调测指导

先按照 7.4.5、8.4.5 和 9.4.5 节介绍的方法检查两个媒体网关设备下的用户，SIP 软终端用户是否正常注册。如果正常，可按下面步骤验证局内国内、国际长途业务：

（1）拨打局内市话，如果互拨不正常，可使用 LST CNACLD 命令检查本局呼叫字冠、路由选择码、业务属性配置是否正确。

（2）拨打局内国内长途，如果互拨不正常，可使用 LST CNACLD 命令检查各本地号首集下的局内国内长途呼叫字冠、路由选择码、业务属性配置是否正确。

（3）拨打局内国际长途。如果互拨不正常，请使用 LST CNACLD 命令检查各本地号首集下的局内国际长途呼叫字冠、路由选择码、业务属性配置是否正确。

11.5　任务验收

（1）数据配置内容是否完备、正确。
（2）电话互拨是否正常，有无告警。
（3）小组演示工作成果，并派代表陈述项目完成的思路、经过和遇到的问题等。
（4）验收过程中，随机提出问题，小组成员回答是否正确。

任务 12　SoftX3000 呼叫中心业务开通

12.1　任务描述

本任务通过一个小型的工程项目，让学生在实践中学习呼叫中心业务的配置方法。呼叫中心业务是 NGN 网络的常用业务之一，通过该项目可加强学生对 NGN 呼叫中心业务的理解与应用能力。

本任务要求完成 SoftX3000 侧呼叫中心业务开通的数据配置，具体如下：
（1）根据数据规划，完成"120"呼叫中心业务数据配置。
（2）验证"120"呼叫中心业务。

12.2　学习目标和实验器材

学习完该任务，你将能够：
（1）能读懂呼叫中心业务开通项目的任务书，理解、明确任务要求。
（2）掌握呼叫中心业务开通数据配置的流程、命令和相关注意事项；能根据数据规划，完成呼叫中心业务开通的数据配置和业务调测。
（3）能够进行项目完成情况的评价。
（4）通过组员间相互协作加强沟通交流能力，形成团队精神。
实验器材：SoftX3000 设备、BAM 服务器、二层交换机、三层交换机、UA5000、SIP 软终端、模拟话机、华为 LMT 本地终端维护软件、e-Bridge 软件、Visio 软件、计算机等。

12.3　知识准备

12.3.1　业务介绍

热线、客服、紧急呼叫（如 110、120 等），均属于呼叫中心业务（其示意图见图 12-1），即 NGN 的 PBX 业务。

SoftX3000 支持 ESL、V5、SIP、H.323、SoftPhone 等多种终端类型，根据实际需求，操作员可以将若干终端加入到一个 PBX 用户群，并为这个 PBX 用户群分配一个 PBX 引示号。

呼叫中心功能主要用于企业、公司、银行等集团用户的客户服务热线，也可用于火警、匪警等特服台。例如，匪警中心共设有 20 个接线员座席，各接线员使用不同的电话号码，使用呼叫中心功能。匪警中心只需对外公布一个特服号码 110（称为 PBX 引示号）即可，而不需要公布所有的 20 个电话号码。

图 12-1　呼叫中心业务示意图

当某用户拨打该 PBX 引示号时，SoftX3000 的呼叫处理软件将自动选择一个空闲的接线员接通本次呼叫；如果话务员全忙，则系统还可提供排队功能（如播放语音或音乐让主叫用户保持在线），一旦某个接线员空闲，系统将按照顺序首先接通最早进入排队序列的主叫用户。

如将 110 报警中心的用户配置为 PBX 用户，即将命令中的"附加用户类别"设为"占用号码资源的 PBX 用户"，并将 PBX 引示号设为 110。

为满足在任意情况下均能够拨打 110、119、120、122 等字冠，操作员必须将命令中的"紧急呼叫逾越标志"参数设为"Yes"，这样，当维护人员对普通用户进行欠费停机、呼叫权限限制等操作时，普通用户仍然能够拨打 110 等字冠。

紧急呼叫字冠是指 110、119、120、122 等特服业务的呼叫字冠，在配置此类呼叫字冠时，应充分考虑以下要求：

（1）不能更改用户的拨号方式，即直接拨打 110、119 等字冠。

（2）在任何情况下，拨打此类字冠时应不受呼出限制。

（3）系统对此类呼叫采用被叫控制释放方式。

（4）为防止用户误拨此类字冠，端局在接通被叫用户前应有振铃延迟。

12.3.2　组网示例

下面是一个 IP Centrex 业务开通的组网示例，如图 12-2 所示。

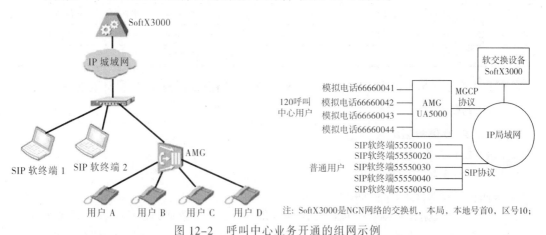

注：SoftX3000是NGN网络的交换机，本局，本地号首0，区号10；

图 12-2　呼叫中心业务开通的组网示例

12.4　任务实施

12.4.1　工作步骤

（1）根据配置练习的步骤，完成 110 呼叫中心业务配置练习。

（2）根据实验任务的数据规划内容，完成 120 呼叫中心业务配置任务。

（3）按照调测指导的方法，完成任务的调测。

12.4.2 数据规划

下面是为练习规划的数据：

（1）紧急呼叫中心号码110，PBX引示号85300040。

（2）FCCU板模块号30，IFMI模块号134。

（3）MSGI模块号200，SIP协议端口5061。

（4）对SoftX3000与SIP软终端、AMG之间主要对接参数进行规划，如表12-1所示。

表12-1　SoftX3000与SIP软终端、AMG主要对接参数规划

本地号首集	5	
呼叫源	12（失败源码12，路由选择源码12）	
计费源码	12	
媒体网关或者多媒体设备	● 多媒体设备1：33330010，EID认证密码：33330010； ● 多媒体设备2：33330020，EID认证密码：33330020； ● 多媒体设备3：33330030，EID认证密码：33330030； ● 多媒体设备4：33330040，EID认证密码：33330040； ● 多媒体设备5：33330050，EID认证密码：33330050； ● 编解码列表：PCMA、PCMU、G7231、G729、G.726	● AG媒体网关设备：192.168.3.10:2946； ● 控制协议：H.248； ● 协议编码类型：ASN.（二进制）； ● IFMI板IP地址：10.26.102.13；AG IP地址：192.168.3.10；远端端口：2946； ● 编解码列表：PCMA、PCMU、G7231、G729、G.726
用户号码1	33330010，计费源码：12；呼叫源码：12；呼入权限：本局；呼出权限：本局；补充业务：主叫线识别提供。	85300040（普通用户号码，作为PBX引示号），终端标识：0，呼入权限：本局；呼出权限：本局；补充业务：主叫线识别提供
用户号码2	33330020，其他同上	85300041，终端标识：1，其他同上
用户号码3	33330030，其他同上	85300042，终端标识：2，其他同上
用户号码4	33330040，其他同上	85300043，终端标识：3，其他同上
用户号码5	33330050，其他同上	85300044，终端标识：4，其他同上
本局呼叫字冠	3333	85300040

（5）呼叫字冠85300040和3333，本局、基本业务，路由选择码65535，计费选择码12。

12.4.3 配置练习

1. SoftX3000侧数据配置

（1）执行脱机操作：

① 脱机，同5.4.3节1（1）。

② 关闭格式转换开关，同5.4.3节1（2）。

（2）配置基础数据：基础数据包括硬件数据和本局、计费数据，是任务5和任务6学习的内容，这里采用脚本的方式，用批处理方法执行（见图6-2）。基础数据配置脚本参见附录C。

（3）增加媒体网关：输入ADD MGW命令，增加媒体网关。增加一个采用H.248协议的AMG，设备标识为192.168.3.10:2946，FCCU模块号为30，协议编码类型为ASN（ASN.1），如图12-3所示。

说明：当MG采用H.248协议时，命令中的"设备标识"参数的格式为"IP地址：端口号"，此处为192.168.3.10:2946。

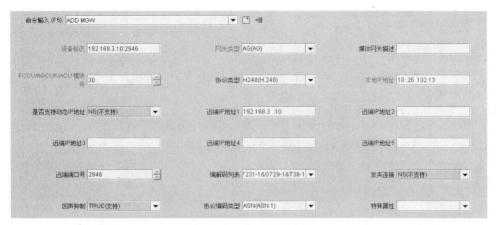

图 12-3 增加媒体网关

（4）配置 SIP 协议数据：

① 输入 SET SIPCFG 命令，设置 SIP 协议全局配置信息，参见图 9-8。

② 输入 SET SIPLP 命令，设置 MSGI 板的本地端口号，见图 9-9。

（5）配置多媒体设备：输入 ADD MMTE 命令，增加多媒体设备，增加 5 个采用 SIP 协议的多媒体设备，设备标识 33330010～33330050，FCCU 模块号为 30，IFMI 模块号为 134。注：设备标识和认证密码一致，如图 12-4～图 12-8 所示。

图 12-4 增加多媒体设备 33330010

图 12-5 增加多媒体设备 33330020

图 12-6 增加多媒体设备 33330030

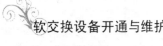

图 12-7　增加多媒体设备 33330040

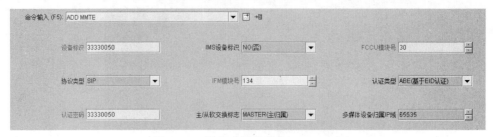

图 12-8　增加多媒体设备 33330050

（6）配置普通用户数据：

① 输入 ADD MSBR 命令，增加多媒体用户。增加 5 个 SIP 用户，用户号码为 33330010～33330050，如图 12-9～12-13 所示。

② 输入 ADD VSBR 命令，增加语音用户。增加 1 个 ESL 用户，用作 PBX 引示号。本地号首集为 5，号码为 85300040，计费源码为 12，呼叫源码为 12，如图 12-14 所示。

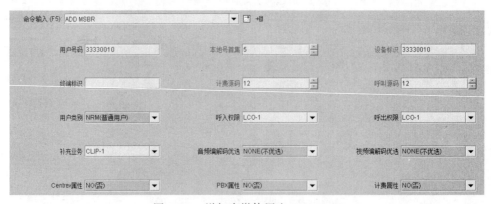

图 12-9　增加多媒体用户 33330010

图 12-10　增加多媒体用户 33330020

图 12-11 增加多媒体用户 33330030

图 12-12 增加多媒体用户 33330040

图 12-13 增加多媒体用户 33330050

图 12-14 增加 PBX 引示号用户 85300040

（7）配置 PBX 数据：

① 输入 ADD PBX 命令，增加 PBX 用户群。PBX 引示号为 85300040，本地号首集为 5，排队标志为 YES（表示接线员全忙时，呼入号码自动排队），话务台标志为 NO（表示该 PBX 群用户可以为任意类型的用户），选线方式为 MIN（指示系统总是从最小的设备号开始选择 PBX 用户），如图 12-15 所示。

图 12-15　增加 PBX 用户群

说明：

- PBX 引示号是占用号码资源的电话号码。
- PBX 引示号可以是一个在用户数据表中已经存在的号码，即该号码是操作员通过 ADD VSBR、ADD MSBR、ADD BRA、ADB VSBR、MOB VSBR 等命令预先定义的一个有效的用户号码。此时，该 PBX 引示号将不仅是一个接入码，而且还具有普通用户的所有属性（例如可以拥有 Centrex 短号）。
- PBX 引示号也可以是一个在用户数据表中不存在的号码。此时，该 PBX 引示号将仅是一个接入码，而且操作员在 ADD VSBR、ADD MSBR、ADD BRA、ADB VSBR、MOB VSBR 等命令中不能将该 PBX 引示号再次定义为一个普通用户号码。

注：要实现所有 PBX 用户同时振铃，必须将 PBX 引示号配置成为一个实际的用户号码，该号码是操作员通过 ADD VSBR、ADD MSBR 或 ADD BRA 命令预先定义的一个有效的用户号码。

② 输入 ADD DNC 命令，增加号码变换索引为 1，号码变换类型为（MOD）修改号码，新号码为 85300040，如图 12-16 所示。

图 12-16　增加号码变换索引

③ 输入 ADD CNACLD 命令，增加呼叫字冠。呼叫字冠为 110，业务属性为 LCO（本局），最小号长为 3，最大号长为 3，计费选择码为 12，如图 12-17 所示。

图 12-17　增加 110 呼叫字冠

④ 输入 ADD PFXPRO 命令，增加号首处理。呼叫源为 12，本地号首集为 5，呼叫字冠为 110，被叫号码变换标志为 YES（是），发送信号者方法为 NST（不发送音），被叫号码变

换索引为 1，是否重新分析为 YES（是）。如图 12-18 所示。

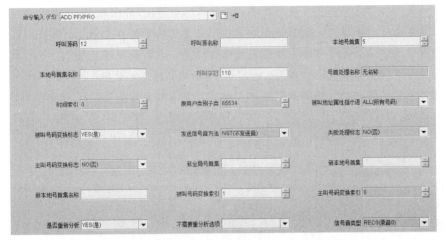

图 12-18 增加 110 呼叫字冠号首处理

（8）配置紧急呼叫中心用户：

① 输入 ADD VSBR 命令，增加语音用户。批增 4 个 ESL 用户，用作 110 紧急呼叫中心用户。本地号首集为 5，起始号码为 85300041，终止号码为 85300044，计费源码为 12，呼叫源码为 12，是 4 个占用号码资源的小交用户，PBX 引示号为 85300040，如图 12-19 所示。

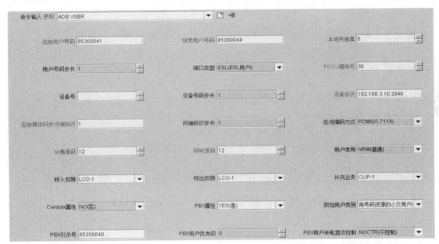

图 12-19 增加紧急呼叫中心用户

（9）配置号码分析数据：

① 输入 ADD CNACLD 命令，增加呼叫字冠 85300040，如图 12-20 所示。

说明：

- 对于火警、匪警等特服呼叫，为防止用户误拨，通常采用延迟振铃的方式，一般设为"3"，即延迟 3 s 后再向被叫用户振铃。
- 释放方式：被叫控制指仅当被叫挂机后呼叫释放。若主叫挂机而被叫不挂机，则在系统规定的时间内（由定时器控制）呼叫仍然保持，若主叫再次摘机，主被叫仍可通话；若超时，则呼叫将被释放。该方式多用于 110、119、120、122 等特服呼叫。

- 紧急呼叫标识 ECOS: 当软件参数 P150 比特 14 为 1（软参默认值）时，ECOS 用于指示系统是否对紧急呼叫字冠进行观察，系统默认为 No。若设为 Yes，则表示当有用户拨打该紧急呼叫字冠时，系统将在告警台产生紧急呼叫的告警事件。需要指出的是，该参数仅用于设置是否对紧急呼叫字冠进行观察，若需要为该紧急呼叫字冠设置逾越权限，则操作员还必须使用 ADD AUSSIG 命令进行设置，否则，当维护人员对普通用户进行欠费停机、呼叫权限限制等操作时，该普通用户将不能拨打紧急呼叫字冠。

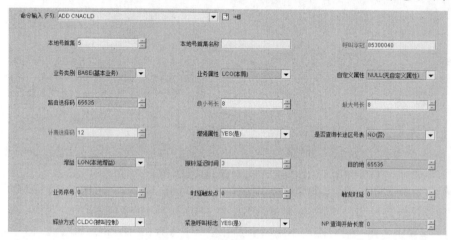

图 12-20　增加紧急呼叫中心字冠

② 输入 ADD CNACLD 命令，增加呼叫字冠 3333，如图 12-21 所示。

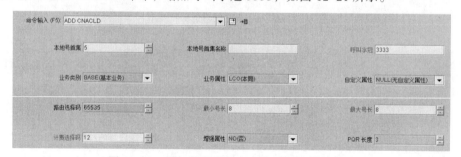

图 12-21　增加紧急呼叫中心字冠本地号首集 5

（10）执行联机操作：

① 打开格式转换开关，同 5.4.3 节 3（1）。

② 联机，同 5.4.3 节 3（2）。

2．华为 eSpace SoftPhone 设备侧配置

方法可参考 11.4.3 节 4。

3．UA5000 设备侧数据配置

方法可参考 8.4.3 节 2。

12.4.4　实验

请根据下面规划数据进行 SoftX3000 侧的配置，实现 SIP 用户配置为普通用户，号码为 66660010～6666001050。UA5000 下的 5 个语音用户，号码 66660040 设置为 PBX 引示号，号码 66660041～66660044 设置为 120 紧急呼叫中心客服用户。普通用户不更改用户的拨号方式，

即直接拨打 120 字冠。在任何情况下，拨打此类字冠时应不受呼出限制。系统对此类呼叫采用被叫控制释放方式，为防止用户误拨此类字冠，端局在接通被叫用户前应有振铃延迟。

（1）紧急呼叫中心号码 120，PBX 引示号 66660040。

（2）FCCU 板模块号 22，IFMI 模块号 132。

（3）MSGI 模块号 211，SIP 协议端口 5061。

（4）SoftX3000 与 SIP 软终端、AMG 之间的对接参数规划如表 12-2 所示。

表 12-2　SoftX3000 与 SIP 软终端、AMG 对接参数规划

本地号首集	0	
呼叫源	1（失败源码 1，路由选择源码 1）	
计费源码	1	
媒体网关或者多媒体设备	• 多媒体设备 1：55550010；EID 认证密码：55550010； • 多媒体设备 2：55550020；EID 认证密码：55550020； • 多媒体设备 1：55550030；EID 认证密码：55550030； • 多媒体设备 1：55550040；EID 认证密码：55550040； • 多媒体设备 1：55550050；EID 认证密码：55550050； • 编解码列表：PCMA、PCMU、G7231、G729、G.726	• AG 媒体网关设备：192.168.3.15:2944； • 控制协议：H.248； • 协议编码类型：ABNF（文本）； • IFMI 板 IP 地址：10.26.102.13；AG IP 地址：192.168.3.15；远端端口：2944； • 编解码列表：PCMA、PCMU、G7231、G729、G.726
用户号码 1	55550010，呼入权限：本局；呼出权限：本局；补充业务：主叫线识别提供	66660040（普通用户号码，作为 PBX 引示号），终端标识：0，呼入权限：本局；呼出权限：本局；补充业务：主叫线识别提供
用户号码 2	55550020，其他同上；	66660041，终端标识：1，其他同上
用户号码 3	55550030，其他同上；	66660042，终端标识：2，其他同上
用户号码 4	55550040，其他同上；	66660043，终端标识：3，其他同上
用户号码 5	55550050，其他同上；	66660044，终端标识：4，其他同上
本局呼叫字冠	5555	66660040

（5）呼叫字冠 5555 和 66660040，本地号首集 0，本局、基本业务，路由选择码 65535，计费选择码 1。

（6）"基础数据配置"脚本请见附录 C。

12.4.5　调测指导

五位同学依次用 SIP 软终端拨打 120 号码，分下列 3 种情况，测试紧急呼叫中心业务功能。

（1）四部 120 电话都空闲时，响铃情况。

（2）其中两部 120 电话忙时，响铃情况。

（3）四部 120 电话都忙，响铃情况。

记录实验结果，并分析是否正确。

12.5　任务验收

（1）数据配置内容是否完备、正确。

（2）紧急呼叫中心用户的功能是否都齐备、正确，有无告警。

（3）小组演示工作成果，并派代表陈述项目完成的思路、经过和遇到的问题等。

（4）验收过程中，随机提出问题，小组成员回答是否正确。

单元4

➡ 中继用户业务配置

任务 13　SoftX3000 与 PBX 交换机对接

13.1　任务描述

本任务通过一个小型的工程项目，让学生在实践中学习 SoftX3000 与 PBX 交换机对接的典型组网、设备连接方法，以及 SoftX3000 侧和 UMG8900 侧的数据配置方法。软交换设备与 PBX 设备对接是传统的电路交换网向 NGN 网络演进的重要途径之一，通过该项目可加强学生对 NGN 网络演进，通用媒体网关设备 UMG8900 和 1 号信令的理解与应用能力。

本任务要求完成 SoftX3000 与 PBX 交换机 MD150A 对接的硬件连接和数据配置，具体如下：

（1）掌握 SoftX3000 与 PBX 交换机对接的硬件连接方法。

（2）根据数据规划，完成 SoftX3000 侧和 UMG8900 侧的数据配置。

（3）验证局间通信业务。

13.2　学习目标和实验器材

学习完该任务，你将能够：

（1）读懂 SoftX3000 与 PBX 交换机对接配置项目的任务书，理解、明确任务要求。

（2）使用 Visio 软件完成与 PBX 交换机对接组网的连接图。

（3）掌握 SoftX3000 与 PBX 交换机对接数据配置的流程、命令和相关注意事项。能根据对接数据规划，完成 SoftX3000 侧和 UMG8900 侧的数据配置和业务调测。

（4）进行项目完成情况的评价。

（5）通过组员间相互协作加强沟通交流能力，形成团队精神。

实验器材：SoftX3000 设备、BAM 服务器、二层交换机、三层交换机、MD150A、UMG8900、模拟话机、UA5000、华为 LMT 本地终端维护软件、e-Bridge 软件、Visio 软件、计算机等。

13.3　知识准备

13.3.1　整体介绍

Softx3000 设备与 PSTN 交换机在 NGN 网络中的位置如图 13-1 所示。

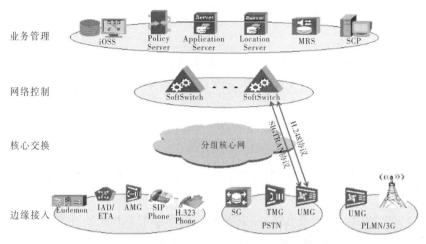

图 13-1 SoftX3000 设备与 PSTN 交换机在 NGN 网络中的位置

当 SoftX3000 与 PSTN 网络中的 PBX、NAS 等设备进行对接时,可采用 DSS1 信令作为局间信令。对于 PBX 而言,其 DSS1 信令只能基于 PRA 链路承载;而对于 SoftX3000 而言,其DSS1 信令一般基于 IUA 链路承载,此时的典型组网如图 13-2 所示。

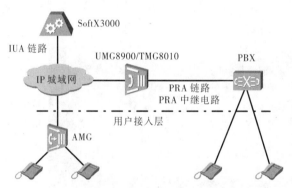

图 13-2 SoftX3000 与 PBX 交换机对接典型组网

13.3.2 设备介绍

1. MD150A 交换机

Ericsson MD150A 是爱立信公司的一款 PBX 交换机,采用最新的现代化的数字技术来实现集语音通信、信息通信、无线通信 IP 电话、呼叫中心、CTI 应用等一体化的通信。

图 13-3 所示为 MD150A 的设备外观,其内部结构如图 13-4 所示。

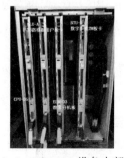

图 13-3 MD150A 的设备外观   图 13-4 MD150A 设备内部结构

此设备插入 4 块单板，分别在槽位 00、02、04、07，单板名依次为 CPU-D5、ELU-A、ELU-D3、BTU-D。

（1）CPU-D5：系统的中央处理单元。本系统所必需的基本功能都安装在这个板子上。

（2）ELU-A ：连接 8 个或者 16 个模拟电话的设备板。（这里采用的是连接 16 个电话设备板）。

（3）ELU-D3：一个用于连接数字系统话机的设备板。

（4）BTU-D：一块与公共网络进行数字连接的设备板。此板共有 2 个 E1 接口，对数字公共网络的连接可用（30B+D）的连接方式或 7＃信令连接方式或 R2 随路连接方式。

2．UMG8900 通用媒体网关

MiniUMG8900 通用媒体网关可作为 NGN 网络接入层的多种业务网关进行组网，包括 TG、AG、内嵌 SG、RSM、融合应用。

UMG8900 采用一体化插框，符合 IEC297 标准，造型保持和 NGN 产品风格一致。插框尺寸 5U×436×300 mm，横插 5 个单板槽位。提供 4K TDM 交换能力和 800 Mbit/s 分组交换能力。系统无单点故障，关键单板和接口单板支持 1+1 冗余配置。风扇、电源 1+1 冗余设计，支持热插拔。支持-48 V/-60 V 直流供电或 110 V/220 V 交流供电，支持交直流电源模块混配。其设备面板和槽位如图 13-5 所示。

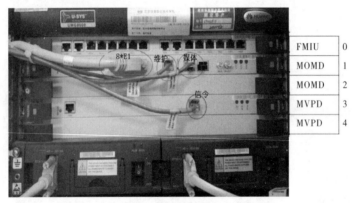

图 13-5　UMG8900 设备面板和槽位图

UMG8900 作为标准 TG 设备，支持最大 1440 通道，支持内置信令网关，支持 No.7/R2/PRI/V5 信令转发；支持长途局/汇接局/关口局组网，支持 3 级时钟，支持交/直流供电。

SG 内嵌在 UMG 内，可为用户有效地节省硬件投资；内置 SG 功能，支持直联和准直联方式，组网更加灵活；内置 SG 支持 M2UA/IUA/V5UA；M2UA/IUA/V5UA 链路支持主备和负荷分担方式；

作为标准 AG 设备支持 1 000～6 000（1:4 收敛）用户的容量范围，支持 V5/PRI/R2 接口，支持 AG Stand Alone，支持综合接入，支持宽带用户框，支持专线用户，支持 3 级时钟。

13.3.3　实验室组网示例

实验室对接组网示例如图 13-6 所示。

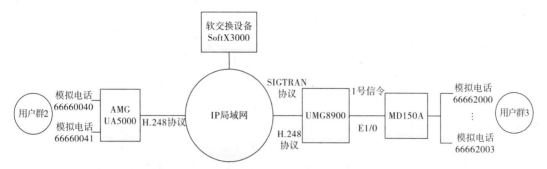

注：SoftX3000是NGN网络的交换机，本局，信令点编码333333，本地号首0，区号10；
　　MD150A用户级程控交换机是一个下级局，本地号首0，区号10

图 13-6　SoftX3000 设备与 MD150A 交换机对接组网示例

13.3.4　硬件连接方法

SoftX3000 与 MD150A 设备对接的硬件连接如图 13-7 所示。

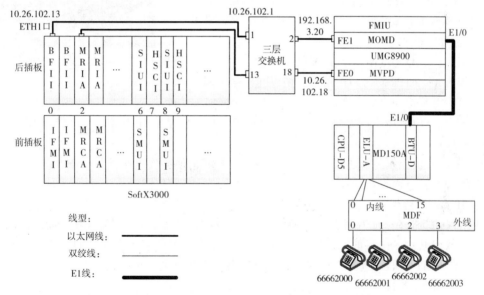

图 13-7　SoftX3000 与 MD150A 设备对接硬件连接图

13.3.5　信令的定义及分类

信令是在通信设备之间传递的各种控制信号，如占用、释放、设备忙闲状态、被叫用户号码等，都属于信令。

信令就是各个交换局在完成呼叫接续中的一种通信语言。信令系统指导系统各部分相互配合，协同运行，共同完成某项任务。

按信令的工作区域分为用户信令和局间信令。用户信令是用户和交换机之间的信令，在用户线上传送。局间信令是交换机和交换机之间的信令，在局间中继线上传送，用来控制呼叫接续和拆线。

按信令的功能分为线路信令、路由信令、管理信令。线路信令是反映线路工作状态的信令，如空闲、占用、释放等。路由信令是提供接续信息的信令，如被叫号码、主叫类别等。管理信令用于传递网络管理信息，如测试、维护等。

按信令传输方式可以分为随路信令和共路信令。

随路信令是指信令信息在对应的话音通道上传送，或者在与话音通道对应的固定通道上传送（如数字线路信号），如 1 号信令（DSS1 信令）、R2 信令。

共路信令是指信令信道和业务信道完全分开，在公共的数据链路上以消息的形式传送的信令方式，如 7 号信令。

13.3.6　SIGTRAN 协议

SIGTRAN 是一个包含有多种协议的协议栈，起到了信令转换的桥梁作用，主要包含信令传输和信令适配两部分协议。SCTP 用于标准信令的传输，M2UA、M3UA、V5UA、IUA 用于信令的适配。

SIGTRAN 协议的分层结构如图 13-8 所示。

（1）M3UA：MTP3 用户适配层。

（2）M2UA：MTP2 用户适配层，该协议允许信令网关向对等的 IP、SP（SP 指移动互联网服务内容应用服务的直接提供者）传送 MTP3 消息，对七号信令网和 IP 网提供无缝的网关互通功能。

（3）IUA：ISDN Q.931 用户适配层。

（4）M2PA：MTP2 对等适配层，该协议允许信令网关

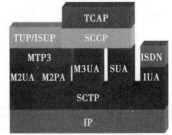

图 13-8　SIGTRAN 协议的分层结构

向对等的 IP SP 传送 MTP3 消息，并提供 MTP 信令网网关功能。

（5）SUA：SCCP 用户适配层，适配传送 SCCP 的用户消息给 IP 数据库，提供 SCCP 的网关互通功能。

（6）SCTP：流控制传输协议，它运行于提供不可靠传递的分组网络上，是为在 IP 网上传输 PSTN 信令消息而设计的。

（7）IP：网际协议。

UA 协议的功能有：透明传送上层协议消息，支持 IP 网络中 UA 对等实体之间的协议操作，支持 UA 替代的 SS7 层的原语接口（例如：M2UA 支持 MTP-2 支持的 MTP2/MTP-3 原语接口），支持 SCTP 偶联管理，支持向层管理异步报告状态变化。

13.3.7　SCTP 协议

流控制传输协议（Stream Control Transmission Protocol，SCTP）是为在 IP 网上传输 PSTN 信令消息而设计的。

UDP 是一种无连接的传输协议，无法满足七号信令对传输质量的要求。TCP 是一种面向连接的传输协议，可以保证信令的可靠传输。但是，TCP 具有实时性差、支持多归属比较困难、易受拒绝服务攻击的缺陷。

一种面向连接的可靠传输协议 SCTP 对 TCP 的缺陷进行了一些改善，SCTP 的设计包括适当的拥塞控制、防止泛滥和伪装攻击、更优的实时性能和多归属性支持。处于传输层，在网络模型中与 TCP、UDP 处于同层位置。

一个 TCP 只能支持一个流，一个 SCTP 连接同时可以支持多个流。

TCP 是基于比特流，SCTP 则是基于用户消息流，SCTP 有更高的传输效率。

TCP 一般是单地址连接的，SCTP 的连接可以是多宿主连接的。

若当前路径失效，SCTP 可切换到另一个地址，而不需要重新建立连接。

SCTP 同样有确认/超时重发机制，但它的选择性确认 SACK 较之 TCP 的单纯的累计确认具有更高的重发效率。

TCP 容易受到恶意攻击，SCTP 增加了防止恶意攻击的措施。

SCTP 相关术语：

（1）传送地址：传送地址由 IP 地址、传输层协议类型和传输层端口号定义。由于 SCTP 在 IP 上传输，所以一个 SCTP 传送地址由一个 IP 地址加一个 SCTP 端口号决定。SCTP 端口号用来区分上层不同的用户。例如，IP 地址 10.105.28.92 和 SCTP 端口号 1024 标识了一个传送地址，而 10.105.28.93 和 1024 则标识了另外一个传送地址。10.105.28.92 和端口号 1023 也标识了一个不同的传送地址。

（2）端点（Endpoint）：端点是 SCTP 的基本逻辑概念，是数据报的逻辑发送者和接收者，是一个典型的逻辑实体。一个传送地址（IP 地址＋SCTP 端口号）唯一标识一个端点。一个端点可以由多个传送地址进行定义，但对于同一个目的端点而言，这些传送地址中的 IP 地址可以配置成多个，但必须使用相同的 SCTP 端口。一个主机上可以配置多个端点。

（3）主机（Host）：主机配有一个或多个 IP 地址，是一个典型的物理实体，例如，一台配置好 IP 地址的计算机就是主机。

（4）偶联（Association）：偶联就是两个 SCTP 端点通过 SCTP 协议规定的 4 步握手机制建立起来的进行数据传递的逻辑联系或者通道。SCTP 协议规定在任何时刻两个端点之间能且仅能建立一个偶联。

（5）流是 SCTP 协议的一个特色术语。SCTP 偶联中的流用来指示需要按顺序递交到高层协议的用户消息的序列，是从一个端点到另一个端点的单向逻辑通道。希望顺序传递的数据必须在一个流里面传输。

（6）一个偶联是由多个单向的流组成的。各个流之间相对独立，使用流 ID 进行标识，每个流可以单独发送数据而不受其他流的影响，如图 13-9 所示。

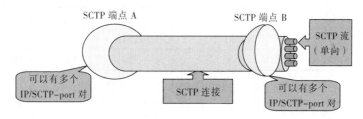

图 13-9　SCTP 协议的偶联示意图

13.4　任务实施

13.4.1　工作步骤

（1）完成设备间的硬件连接。

（2）根据配置练习的步骤，练习 SoftX3000 与 MD150A 设备对接 SoftX3000 侧的数据配置方法、UMG8900 侧数据的离线配置方法。

（3）根据实验任务的数据规划内容，完成 SoftX3000 侧和 UMG8900 侧的数据配置。

（4）开通并依据调测指导验证局间业务。

13.4.2 数据规划

下面是为练习规划的数据。

1．SoftX3000 侧

（1）FCCU 板模块号规划为 30，BSGI 模块号为 140。

（2）信令网关标识：2；IUA 链路集索引：2；IUA 链路号：2；PRA 信令链路：2。

（3）局向号：200；子路由号：200；路由号：200；路由选择码：200。

（4）中继群号：200；计费源码：62；呼叫源码：62。

（5）在配置 SoftX3000 侧的数据之前，操作员应就 SoftX3000 与 UMG8900、PBX 之间的以下主要对接参数进行协商，如表 13-1、表 13-2 所示。

表 13-1　SoftX3000 与 UMG8900 之间对接参数表

序　号	对接参数项	参　数　值
1	SoftX3000 与 UMG8900 之间采用的控制协议	H.248 协议
2	H.248 协议的编码类型	ABNF（文本方式）
3	SoftX3000 的 IFMI 板的 IP 地址	10.26.102.13
4	UMG8900 用于 H.248 协议的 IP 地址	192.168.2.18
5	UMG8900 用于 SIGTRAN 协议的 IP 地址	192.168.2.18
6	SoftX3000 侧 H.248 协议的本地 UDP 端口号	2944
7	UMG8900 侧 H.248 协议的本地 UDP 端口号	2946
8	SoftX3000 侧（Client 端）IUA 链路的本地 SCTP 端口号	9902
9	UMG8900 侧（Server 端）IUA 链路的本地 SCTP 端口号	9900
10	UMG8900 支持的语音编解码方式	PCMA、PCMU、G7231、G726、T38、AMR、H261、H263、MPEG4
11	UMG8900 的 E1 的编号方式	从 0 开始
12	UMG8900 的终端标识（即 E1 时隙）的编号方式	从 0 开始
13	SoftX3000 侧 PRA 中继群的 E1 编号	2
14	UMG8900 侧对应于 PRA 中继群的 E1 标识	2
15	PRA 链路 0 的接口标识（整数型）	2（需要与 UMG8900 侧一致）

表 13-2　SoftX3000 与 PBX 之间对接参数表

序　号	对接参数项	参　数　值
1	SoftX3000 侧 DSS1 信令的类型（UMG8900 侧必须与 SoftX3000 侧保持一致）	网络侧
2	PBX 侧 DSS1 信令的类型	用户侧
3	PRA 链路电路号（SoftX3000 侧）	80
4	PRA 链路电路号的终端标识（UMG8900 侧）	80
5	PRA 中继电路的选择方式	采用循环选线方式
6	PRA 中继电路起始电路号，结束电路号	64、72
7	PRA 中继电路起始电路的终端标识	64
8	PBX 用户的字冠	66664、本局、基本业务、路由选择码 65535、计费选择码 62

（6）UA5000 设备下的两个语音用户规划为本局用户，对接参数和用户信息规划如表 13-3 所示。

表 13-3　SoftX3000 与 UA5000 对接参数表

序　　号	对接参数项	参　数　值
1	SoftX3000 与 AMG 之间采用的控制协议	H.248 协议
2	H.248 协议的编码类型	ASN（二进制方式）
3	SoftX3000 的 IFMI 板的 IP 地址	10.26.102.13
4	AMG 的 IP 地址	192.168.3.10
5	SoftX3000 侧 H.248 协议的本地 UDP 端口号	2944
6	AMG 侧 H.248 协议的本地 UDP 端口号	2945
7	AMG 支持的语音编解码方式	G.711A、G.711μ、G.723.1、G.729、T38
8	用户 A（终端标识为 0）的电话号码，本地号首集，呼叫源码，计费源码，呼入、呼出权限，补充业务	85300100、5、12、12、本局、本局、主叫线识别提供
9	用户 B（终端标识为 1）的电话号码，本地号首集，呼叫源码，计费源码，呼入、呼出权限，补充业务	85300101、5、12、12、本局、本局、主叫线识别提供

（7）本局用户呼叫字冠 8530，本局、基本业务，路由选择码为 65535，计费选择码为 12。

2．UMG8900 侧

媒体网关数据规划如表 13-4 所示。

表 13-4　UMG8900 侧媒体网关数据规划

序　　号	准　备　项	数　据　采　集
1	承载 H.248 链路的本端地址	192.168.2.18/24
2	承载 H.248 链路的对端地址	SoftX3000：10.26.102.13/24
3	承载 H.248 链路的本端端口号	2946
4	承载 H.248 链路的对端端口号	2944
5	H.248 协议参数	文本编解码、UDP、不鉴权
6	TDM 承载资源	1 槽位 OMU 板 TID：0～767
7	IP 承载资源	3 槽位 VPU 板承载 IP 地址：192.168.3.20/24 网关地址：192.168.3.254/24

信令网关数据规划如表 13-5 所示。

表 13-5　UMG8900 侧信令网关数据规划

序　　号	准　备　项	数　据　采　集
1	承载 IUA 链路的本端地址	192.168.2.18/24
2	承载 IUA 链路的对端地址	SoftX3000：10.26.102.13/24
3	承载 IUA 链路的本端端口号	9900
4	承载 IUA 链路的对端端口号	9902
5	L2UA 链路集	0

序　号	准　备　项	数 据 采 集
6	L2UA 链路	0
7	PRA 链路占用的 TDM 时隙	0 号 PRA 链路建立在 1 号槽 OMU 板 2 号 E1 端口的 TS 16
8	PRA 链路的整形接口标识	2

13.4.3　配置练习

数据配置主要涉及媒体网关数据、IUA 数据、PRA 链路数据、路由数据以及 PRA 中继数据等。

1．SoftX3000 侧数据配置

（1）执行脱机操作：

① 脱机，同 5.4.3 节 1（1）。

② 关闭格式转换开关，同 5.4.3 节 1（2）。

（2）配置基础数据：基础数据包括硬件数据和本局、计费数据，是任务 5 和任务 6 学习的内容，这里采用脚本的方式，用批处理方法执行（见图 6-2）。"基础数据练习配置"脚本请见附录 C。

（3）配置媒体网关数据：输入 ADD MGW 命令，增加媒体网关。增加一个 UMG8900，设备标识为 192.168.2.18:2946，FCCU 模块号为 30，如图 13-10 所示。

图 13-10　增加 UMG8900 媒体网关

说明：

- 对于 UMG8900 而言，无论 UMG8900 作为 AG 或 TG 应用，命令中的"设备标识"参数的格式必须为"IP 地址：端口号"，且"网关类型"必须选择 UMGW。

- 此命令中的"远端 IP 地址"必须为 UMG8900 用于 H.248 协议的 IP 地址，即 192.168.2.18。

- 由于 UMG8900 的 H.248 协议采用文本编码方式，因此命令中的"编码类型"必须选择 ABNF。

（4）配置 IUA 数据：

① 输入 ADD SG 命令，增加信令网关。增加一个内嵌式信令网关（内嵌在 UMG8900 内部），信令网关标识为 2，如图 13-11 所示。

图 13-11 增加信令网关

说明：本例中使用 UMG8900 内嵌的信令网关来处理 IUA 协议，因此，命令中的"网关类型"参数必须设置为"嵌入式网关"；"设备标识"参数必须设置为 UMG8900 的设备标识，此处为 192.168.2.18:2946。

② 输入 ADD IUALKS 命令，增加 IUA 链路集。增加一个 IUA 链路集，链路集索引为 2，设备类型为 PRA，接口标识采用整数型接口标识，如图 13-12 所示。

图 13-12 增加 IUA 链路集

说明：

- 链路集索引用于在 SoftX3000 设备中唯一标识一个 IUA 链路集，其取值范围为 0～65 534。
- 若无特殊情况，一般建议将链路集的传输模式设为"负荷分担模式"。
- 链路集的业务模式必须与信令网关侧保持一致，否则，该链路集下所有的 IUA 链路均将不能正常工作。

③ 输入 ADD IUALNK 命令，增加 IUA 链路。增加 1 条 IUA 链路，SoftX3000 为 Client 端，BSGI 模块号为 140，链路号为 2，本地 SCTP 端口号为 9902，对端端口号取默认值（即9900），如图 13-13 所示。

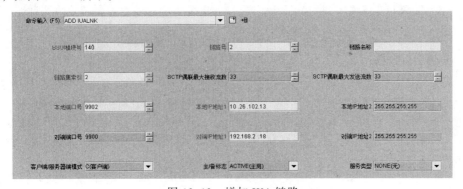

图 13-13 增加 IUA 链路

说明：

- 链路号用于指定该 IUA 链路在相应 BSGI 模块内的逻辑编号，其取值范围为 0～63。在同一个 BSGI 模块下，所有的 IUA 链路必须统一编号，即一个 BSGI 模块最大只支持 64 条 IUA 链路。
- 此命令中的"远端 IP 地址"必须为 UMG8900 用于 SIGTRAN 协议的 IP 地址，即 192.168.2.18。

（5）增加 PRA 链路数据：

① 输入 ADD PRALNK 命令，增加 PRA 链路。增加 1 条 PRA 链路 2，电路号为 80，接口标识为 2，信令类型为网络侧，如图 13-14 所示。

图 13-14　增加 PRA 链路

说明：

- 信令链路号用于指定该 PRA 链路在相应 FCCU 模块内的逻辑编号，即在同一个 FCCU 模块下，所有的 PRA 链路必须统一编号，实际取值范围为 0～999。
- 这里的 PRA 链路电路号是 SoftX3000 内部的逻辑电路号，其具体编号需要根据 ADD PRATKC 命令定义的"起始电路号"参数换算得出。由于 PRA 链路只能占用 E1 的第 16 时隙，因此，相应的换算公式为：PRA 链路电路号 = 对应 PRA 中继群的起始电路号 + 16。
- 对于由 IUA 承载的 PRA 链路，用户必须为其定义接口标识，用于在该 IUA 链路集承载的所有 PRA 用户的 D 通道信令消息中唯一标识该条 PRA 链路。对于不同的 PRA 链路，其相应的（整数型）接口标识不能相同。
- 用户必须将 SoftX3000 与 UMG8900 看成是一个整体，且其相应 PRA 信令链路的类型必须配置成一致。在本实例中，SoftX3000 与 UMG8900 侧相应 PRA 信令链路的类型均为"DSS1 网络侧"。此时，PBX 侧相应 PRA 信令链路的类型必须为"DSS1 用户侧"，否则 PRA 链路将不能建链。

（6）配置路由数据：

① 输入 ADD OFC 命令，增加局向。增加一个到 PBX 的局向，局向号为 200，如图 13-15 所示。

图 13-15　增加局向

说明：

- 根据同级局路由不能迂回的原则，由于对端局为 PBX，则对端局的级别应为"下级局"。
- 由于本局向中不包含 No.7 中继电路，因此，命令中的"DPC"参数不需输入。

② 输入 ADD SRT 命令，增加子路由，子路由号为 200，如图 13-16 所示。

图 13-16　增加子路由

③ 输入 ADD RT 命令，增加路由，路由号为 200，如图 13-17 所示。

图 13-17　增加路由

④ 输入 ADD RTANA 命令，增加路由分析数据。增加本局用户到 PBX 的路由分析数据，路由选择码为 200，如图 13-18 所示。

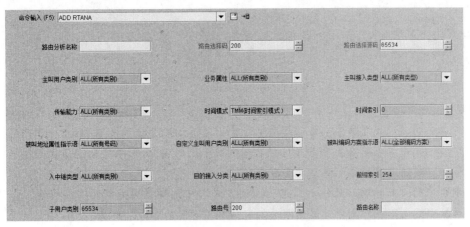

图 13-18　增加路由分析数据

说明：一般情况下，若无特殊需求，操作员应将命令中的"主叫用户类别""业务属性""主叫接入类型""传输能力""被叫地址属性指示语"等参数均设置为"全部"。

（7）增加 PRA 中继数据

① 输入 ADD PRATG 命令，增加 PRA 中继群。呼叫源码均为 62，主叫号码提供方式均为 TRK（中继线标识），如图 13-19 所示。

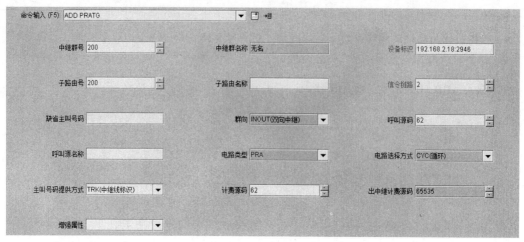

图 13-19　增加 PRA 中继群

说明：在默认情况下，一条 PRA 信令链路只控制一个 PCM 系统，因此，当 SoftX3000 与 PBX 之间开通 N 条 E1 电路时，操作员就需要配置 N 个 PRA 中继群。

② 输入 ADD PRATKC 命令，增加 PRA 中继电路。起始电路号为 64，结束电路号为 72，起始电路的终端标识为 64，如图 13-20 所示。

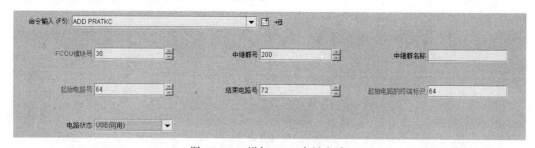

图 13-20　增加 PRA 中继电路

说明：

- 命令中的"起始电路号"与"结束电路号"是 SoftX3000 内部对 No.7、PRA、R2、V5 等 E1 中继电路在某个 FCCU 模块内的统一逻辑编号，其在 UMG8900 侧的物理编号由"起始电路的终端标识"参数指定。

- 命令中的"起始电路的终端标识"（TID）是与中继媒体网关侧的对接参数，标识了这批中继电路在所属中继媒体网关的起始电路时隙的编号。例如，TID 取值为 0，标识这批中继电路属于 UMG8900 侧的第 0 号 E1。

- 起始电路号与起始电路终端标识之差的绝对值必须是 32 的整数倍，如 0、32、64、96 等。

（8）本局语音用户配置：方法可参考 8.4.3 节。

（9）配置号码分析数据：

输入 ADD CNACLD 命令，增加呼叫字冠 66664，计费选择码 62，如图 13-21 所示。

图 13-21 增加呼叫字冠

说明:

- 当 SoftX3000 与 PBX 之间的 PRA 中继采用 "中继方式" 时,操作员仅需要将相应呼叫字冠的呼叫属性定义为出局呼叫(如 "本地呼叫")即可,而不需要另外使用 ADD PRA 命令增加 PRA 用户。
- 所谓 "中继方式",是指当 PRA 中继群上发生呼叫时,SoftX3000 对本次呼叫的权限控制、计费分析、限呼分析等是基于该 PRA 中继群的呼叫属性与计费属性来进行管理的。此时,对于入中继呼叫而言,系统将仅产生中继话单,而不产生用户话单。

(10)执行联机操作:

① 打开格式转换开关,同 5.4.3 节 3(1)。

② 联机,同 5.4.3 节 3(2)。

2. UMG8900 设备侧配置

(1)环境启动(离线配置工具):

① 教学中,UMG8900 不建议学生在线配置,而采用离线配置的方式练习。启动桌面的 "本地维护终端" 软件,如图 13-22 所示。

② 单击 "离线" 按钮,选择 UMG8900 版本,单击 "确定" 按钮,如图 13-23 所示。

图 13-22 UMG8900 本地维护终端软件启动界面　　图 13-23 选择软件版本

注意:第一条 MML 命令执行后会提示保存,选择文件保存的路径,单击 "保存" 按钮。之后的配置步骤会在被保存该目录下的 TXT 文件中,如图 13-24 所示。

(2)配置硬件数据:

① 输入 SET FWDMODE 命令,设置集中转发配置模式(三分式、集中式、二分式),如图 13-25 所示。

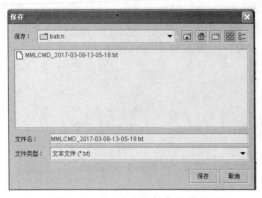

图 13-24　配置步骤保存文件设置　　　　　图 13-25　设置集中转发配置模式

说明："三分式"是指信令相关的控制流（H248、SIGTRAN）走 VPD 的控制网口，OMC 消息走位于 OMD 上的 OMC 网口，语音数据走 OMD 单板上的承载网口。

注："OMD 单板上的承载网口"实际上只是一个出线口，通过 OMU 板内置的 LAN Switch 与 VPU 板内的承载 IP 接口相连。VPU 板的承载 IP 接口用户在设备外观上看不到，用户只能看到 OMU 板上的 FE 出线口（即 OMU 内置 LAN Switch 引出的 FE 口）。

② 输入 SET FRMARC 命令，设置机框档案信息，如图 13-26 所示。

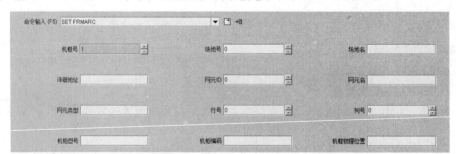

图 13-26　设置机框档案信息

③ 输入 SET E1PORT 命令，设置 E32/T32/E63/T63 端口属性。槽位号为 1，对 OMU 单板的端口的帧格式、线路编码格式进行配置。帧格式、发送线路编码格式、接收线路编码格式需要与 PBX 或者 PSTN 交换设备设置一致，如图 13-27 所示。

图 13-27　设置槽位 1 E32 0~4 端口属性

④ 输入 SET E1PORT 命令，设置 E32/T32/E63/T63 端口属性。槽位号为 1，对 OMU 单板的端口的帧格式、线路编码格式进行配置。帧格式、发送线路编码格式、接收线路编码格式需要与 PBX 或者 PSTN 交换设备设置一致，如图 13-28 所示。

图 13-28 设置槽位 1 E32 5～23 端口属性

⑤ 输入 SET E1PORT 命令，设置 E32/T32/E63/T63 端口属性，槽位号为 2，如图 13-29 所示。

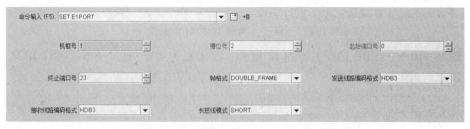

图 13-29 设置槽位 2 和 23 端口属性

⑥ 输入 MOD IPIF 命令，修改 IP 接口配置。3 槽位 VPU 的 0 接口，走媒体数据，承载带宽 102400，如图 13-30 所示。

图 13-30 修改 3 槽位 IP 接口 0 配置

⑦ 输入 MOD IPIF 命令，修改 IP 接口配置。3 槽位 VPU 的 1 接口，走信令数据，如图 13-31 所示。

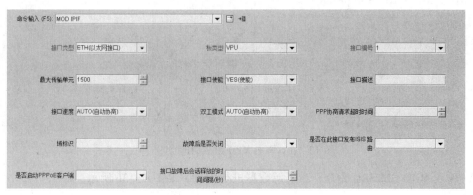

图 13-31 修改 IP 接口 1 配置

⑧ 输入 MOD IPIF 命令，修改 IP 接口配置。4 槽位 VPU 的 0 接口，走媒体数据，承载带宽 102400，如图 13-32 所示。

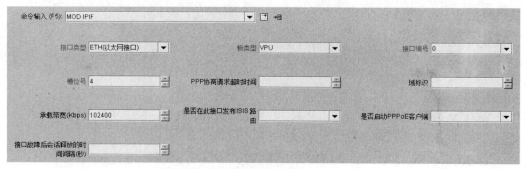

图 13-32　修改 4 槽位 IP 接口 0 配置

⑨ 输入 ADD IPADDR 命令，增加 IP 地址。IP 类型为 OMC 地址类型，接口 IP 地址为 192.168.1.12，如图 13-33 所示。

图 13-33　增加 OMC IP 地址

⑩ 输入 ADD IPADDR 命令，增加 IP 地址。IP 类型为 VPD 控制地址类型，接口 IP 地址为 192.168.2.18，如图 13-34 所示。

图 13-34　增加 VPD 控制 IP 地址

⑪ 输入 ADD IPADDR 命令，增加 IP 地址。IP 类型为 VPD 承载地址类型，接口 IP 地址为 192.168.3.20，如图 13-35 所示。

图 13-35　增加 VPD 承载 IP 地址

⑫ 输入 MOD CLKSRC 命令，参考源数据进行配置，如图 13-36 所示。

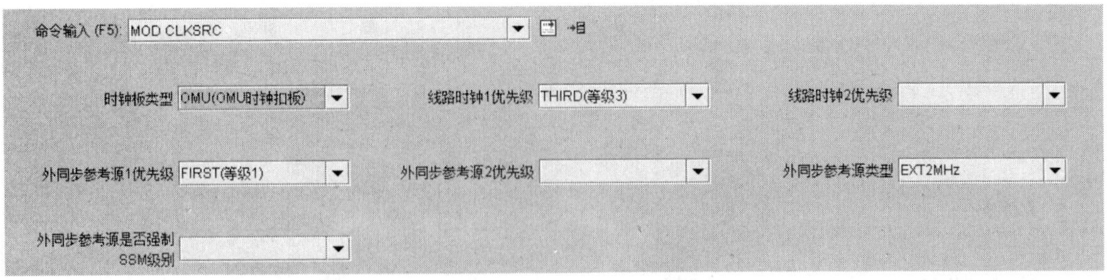

图 13-36 时钟参考源配置

⑬ 输入 ADD ROUTE 命令，增加静态路由，如图 13-37 所示。

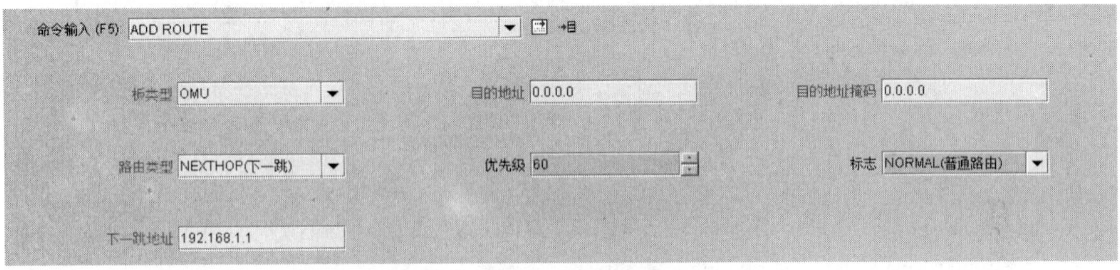

图 13-37 增加缺省静态路由

说明：192.168.1.1 为操作维护面的网关地址。

⑭ 输入 ADD GWADDR 命令，配置信令面网关地址，如图 13-38 所示。

图 13-38 配置信令面网关地址

⑮ 输入 ADD GWADDR 命令，配置媒体面网关地址，如图 13-39 所示。

图 13-39 配置媒体面网关地址

（3）配置媒体网关数据：

① 输入 SET VMGW 命令，设置虚拟媒体网关。虚拟媒体网关号为 0，虚拟媒体网关标识为 192.168.2.18:2944，如图 13-40 所示。

图 13-40　设置虚拟媒体网关

② 输入 ADD MGC 命令，增加媒体网关控制器。标识为 10.26.102.13:2944，如图 13-41 所示。

图 13-41　设置虚拟媒体网关控制器

③ 输入 SET H248PARA 命令，配置 H.248 协议参数。传输协议类型设为 UDP，鉴权类型为 DIMPL（不使用消息鉴权），如图 13-42 所示。

图 13-42　配置 H.248 协议数据

④ 输入 ADD H248LNK 命令，增加 H.248 信令链路，链路号为 0，虚拟媒体网关号为 0，媒体网关控制器号为 0，传输协议类型为 UDP，本地 IP 地址为 192.168.2.18，本地端口号为 2946，目的主地址为 10.26.102.13，目的端口号为 2944，如图 13-43 所示。

图 13-43　增加 H.248 信令链路

⑤ 输入 ADD TDMIU 命令，增加 TDM 端点配置。增加 TMD 接口板的时隙，配置后的时隙才可用于承载业务。槽位号为 1，TID 起始值为 0，TID 终止值为 767，虚拟媒体网关号 0，中继类型为 Extern（外部时隙），如图 13-44 所示。

图 13-44　增加 TDM 端点配置

（4）配置信令网关数据：

① 输入 ADD L2UALKS 命令，增加链路集索引 0，协议类型 IUA，如图 13-45 所示。

图 13-45　增加 IUA 链路集

② 输入 ADD L2UALNK 命令，增加 L2UA 链路。链路号为 0，协议类型为 IUA，SPF 板板组号为 1，链路号为 0，链路集索引为 0，本地 IP 地址为 192.168.2.18，本端 SCTP 端口号为 9900，远端地址为 10.26.102.13，远端 SCTP 端口号为 9902，客户端/服务器为 Server（服务器），优先级为 0，如图 13-46 所示。

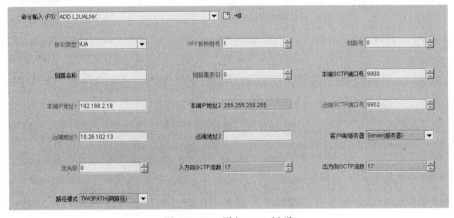

图 13-46　增加 IUA 链路

③ 输入 ADD Q921LNK 命令，增加 Q.921 信令链路。链路号为 0，链路集索引为 0，接口板类型为 OML1，接口板板组号为 1，E1T1 号为 2，时隙号为 16，整型接口 ID 为 2，SPF 板板组号为 1，网络侧用户侧为 NET（网络侧）如图 13-47 所示。

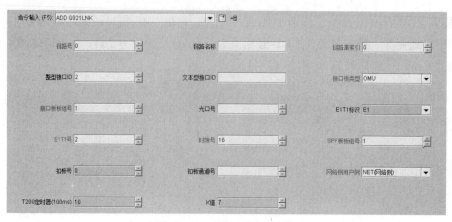

图 13-47 增加 Q.921 链路

（5）配置用户管理数据：

① 输入 SET FTPSRV 命令，设置 FTP 服务器参数，如图 13-48 所示。

图 13-48 设置 FTP 服务器参数

② 输入 ADD FTPUSR 命令，添加 FTP 用户。用户为 umg8900，口令为 123，如图 13-49 所示。

图 13-49 添加 FTP 用户

③ 输入 SET ENGINEID 命令，设置本地 SNMP 引擎标识 800007DB01C0A800FD，如图 13-50 所示。

④ 输入 SET CCDIGITMAP 命令，设置 STANDALONE 拨号方案，用于收号，如图 13-51 所示。

图 13-50 设置本地 SNMP 引擎标识　　　　　　图 13-51 设置拨号方案

⑤ 输入 ADD ATONE 命令，增加异步音类型——RT（回铃音（cg）），如图 13-52 所示。

图 13-52 增加回铃音

⑥ 输入 ADD ATONE 命令，增加异步音类型——BT（忙音（cg）），如图 13-53 所示。

图 13-53　增加忙音

⑦ 输入 ADD ATONE 命令，增加异步音类型——IGTONE（回铃音前置音），如图 13-54 所示。

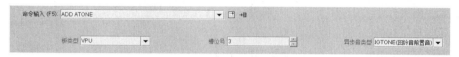

图 13-54　增加回铃前置音

⑧ 输入 ADD ATONE 命令，增加异步音类型——LOCKOUT（线路锁定音），如图 13-55 所示。

图 13-55　增加线路锁定音

⑨ 输入 ADD ATONE 命令，增加异步音类型——LOCKOUT（中继放音测试音），如图 13-56 所示。

图 13-56　增加中继放音测试音

3．MD150A 设备侧配置

MD150A 的配置界面如图 13-57 所示，需要对其分机和中继等内容进行配置。限于篇幅的关系，这里不做介绍。

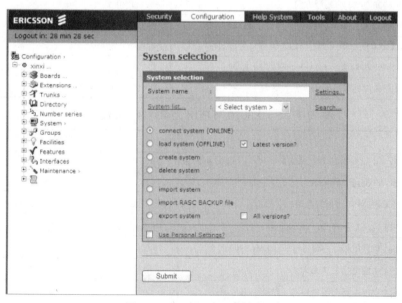

图 13-57　MD150A 配置界面

13.4.4 实验

根据下面规划数据进行 SoftX3000 侧和 UMG8900 设备侧的配置,实现 MD150A 与 SoftX3000 采用 DSS1 号信令的准确对接、UA5000 设备下本局用户和 PBX 下级局用户间的互拨互通,并且各用户均开通 CID(来电显示)功能。

SoftX3000 设备侧:

(1)FCCU 板模块号为 22,BSGI 模块号为 136。

(2)信令网关标识:0;IUA 链路集索引:0;IUA 链路号:0;PRA 信令链路:0。

(3)局向号:100;子路由号:100;路由号:100;路由选择码:100。

(4)中继群号:100;计费源码:62;呼叫源码:62。

(5)SoftX3000 与 UMG8900、PBX 之间的主要对接参数规划如表 13-6、表 13-7 所示。

表 13-6　SoftX3000 与 UMG8900 之间的主要对接参数规划

序　　号	对接参数项	参　数　值
1	SoftX3000 与 UMG8900 之间采用的控制协议	H.248 协议
2	H.248 协议的编码类型	ASN.1(二进制方式)
3	SoftX3000 的 IFMI 板的 IP 地址	10.26.102.13
4	UMG8900 用于 H.248 协议的 IP 地址	10.26.102.18
5	UMG8900 用于 SIGTRAN 协议的 IP 地址	10.26.102.18
6	SoftX3000 侧 H.248 协议的本地 UDP 端口号	2944
7	UMG8900 侧 H.248 协议的本地 UDP 端口号	2944
8	SoftX3000 侧(Client 端)IUA 链路的本地 SCTP 端口号	9900
9	UMG8900 侧(Server 端)IUA 链路的本地 SCTP 端口号	9900
10	UMG8900 支持的语音编解码方式	PCMA、PCMU、G7231、G726、T38、AMR、H261、H263、MPEG4
11	UMG8900 的 E1 的编号方式	从 0 开始
12	UMG8900 的终端标识(即 E1 时隙)的编号方式	从 0 开始
13	SoftX3000 侧 PRA 中继群的 E1 编号	0
14	UMG8900 侧对应于 PRA 中继群的 E1 标识	0
15	PRA 链路 0 的接口标识(整数型)	0(需要与 UMG8900 侧一致)

表 13-7　SoftX3000 与 PBX 之间的对接参数表

序　　号	对接参数项	参　数　值
1	SoftX3000 侧 DSS1 信令的类型(UMG8900 侧必须与 SoftX3000 侧保持一致)	网络侧
2	PBX 侧 DSS1 信令的类型	用户侧
3	PRA 链路电路号(SoftX3000 侧)	16
4	PRA 链路电路号的终端标识(UMG8900 侧)	16
5	PRA 中继电路的选择方式	采用循环选线方式
6	PRA 中继电路起始电路号、结束电路号	0、9

续表

序　号	对接参数项	参　数　值
7	PRA 中继电路起始电路的终端标识	0
8	PBX 用户的字冠	66662、本局、基本业务、路由选择码 65535、计费选择码 62

（6）UA5000 设备下的两个语音用户规划为本局用户，对接参数和用户信息规划如表 13-8 所示。

表 13-8　SoftX3000 与 UA5000 对接参数规划

序　号	对接参数项	参　数　值
1	SoftX3000 与 AMG 之间采用的控制协议	H.248 协议
2	H.248 协议的编码类型	ABNF（文本方式）
3	SoftX3000 的 IFMI 板的 IP 地址	10.26.102.13
4	AMG 的 IP 地址	192.168.3.15
5	SoftX3000 侧 H.248 协议的本地 UDP 端口号	2944
6	AMG 侧 H.248 协议的本地 UDP 端口号	2944
7	AMG 支持的语音编解码方式	G.711A、G.711μ、G.723.1、G.729、T38
8	用户 A（终端标识为 0）的电话号码，本地号首集，呼叫源码，计费源码，呼入、呼出权限，补充业务	66660040、0、1、1、本局、本局、主叫线识别
9	用户 B（终端标识为 1）的电话号码，本地号首集，呼叫源码，计费源码，呼入、呼出权限，补充业务	66660041、0、1、1、本局、本局、主叫线识别

（7）本局用户呼叫字冠 6666，本地号首集 0，本局、基本业务，路由选择码 65535，计费选择码 1。

（8）基础数据配置脚本参见附录 C。

UMG8900 设备侧：

媒体网关数据规划如表 13-9 所示。

表 13-9　UMG8900 侧媒体网关数据规划

序　号	准　备　项	数　据　采　集
1	承载 H.248 链路的本端地址	10.26.102.18/24
2	承载 H.248 链路的对端地址	SoftX3000：10.26.102.13/24
3	承载 H.248 链路的本端端口号	2944
4	承载 H.248 链路的对端端口号	2944
5	H.248 协议参数	文本编解码、UDP、不鉴权
6	TDM 承载资源	1 槽位 OMU 板 TID：0～767
7	IP 承载资源	3 槽位 VPU 板承载 IP 地址：192.168.3.20/24 网关地址：192.168.3.254/24

信令网关数据规划如表 13-10 所示。

表 13-10　UMG8900 侧信令网关数据规划

序　号	准　备　项	数　据　采　集
1	承载 IUA 链路的本端地址	10.26.102.18/24
2	承载 IUA 链路的对端地址	SoftX3000：10.26.102.13/24
3	承载 IUA 链路的本端端口号	9900
4	承载 IUA 链路的对端端口号	9900
5	L2UA 链路集	0
6	L2UA 链路	0
7	PRA 链路占用的 TDM 时隙	0 号 PRA 链路建立在 1 号槽 OMU 板 0 号 E1 端口的 TS 16
8	PRA 链路的整形接口标识	0

13.4.5　调测指导

在配置完 SoftX3000 与 PBX 交换机（采用 H.248 协议、IUA 协议）对接数据后，用户可以按照调测步骤进行业务验证。

1．检查网络连接是否正常

在 SoftX3000 客户端使用 ping 命令，或者在接口跟踪任务中使用 Ping 工具，检查 SoftX3000 与 UMG8900 之间的网络连接是否正常：

（1）如果网络连接正常，请继续后续步骤。

（2）如果网络连接不正常，请在排除网络故障后继续后续步骤。

2．检查 UMG8900 是否已经正常注册

在 SoftX3000 的客户端使用 DSP MGW 命令，查询该 UMG8900 是否已经正常注册，然后根据系统的返回结果决定下一步的操作：

（1）如果查询结果为 Normal，表示 UMG8900 正常注册，数据配置正确。

（2）如果查询结果为 Disconnect，表示 UMG8900 曾经进行过注册，但目前已经退出运行。此时，需要确认双方的配置数据是否曾经被修改过。

（3）查询结果为 Fault，表示网关无法正常注册。此时，请使用 LST MGW 命令检查设备标识、远端 IP 地址、远端端口号、编码类型等参数的配置是否正确。

3．检查 IUA 链路的状态是否正常

在 SoftX3000 的客户端使用 DSP IUALNK 命令，查询相关 IUA 链路的状态是否正常，然后根据系统的返回结果决定下一步的操作：

（1）如果查询结果为 Active，表示 IUA 链路状态正常，数据配置正确。

（2）如果查询结果为 InActive，表示 IUA 链路处于未激活状态。此时，可以使用 ACT IUALNK 命令尝试激活链路。

（3）如果查询结果为 Not Established，表示 IUA 链路处于未建立状态。此时，请首先使用 LST IUALKS 命令检查 IUA 链路集的传输模式与信令网关（UMG8900 内嵌）侧是否一致，然后再使用 LST IUALNK 命令检查本地端口号、本地 IP 地址、远端端口号、远端 IP 地址等参数的配置是否正确。

4．检查 PRA 链路的状态是否正常

在 SoftX3000 的客户端使用 DSP PRALNK 命令，查询相关 PRA 链路的状态是否正常。如果状态不正常，请使用 LST PRALNK 命令检查模块号、IUA 链路集索引、链路电路号、接口标识、信令类型等参数的配置是否正确。

5．检查 PRA 中继电路的状态是否正常

在 SoftX3000 的客户端使用 DSP N1CCN 命令，查询相关 PRA 中继电路的状态是否正常。如果状态不正常，可使用 LST TG、LST TKC 等命令检查设备标识、起始电路号、起始电路终端标识等参数的配置是否正确。

6．拨打电话进行通话测试

若上述检查一切正常，则可以在软交换局使用电话拨打 PBX 的用户进行测试，若通话正常，则说明数据配置正确；若不能通话或通话不正常，可使用 LST PRA 命令检查 PRA 中继群号、呼入权限、呼出权限、CLIP 业务等参数的配置是否正确，并请依次使用 LST RTANA、LST RT、LST SRT、LST TG 等命令检查路由选择码、路由号、子路由号、中继群号等参数的索引关系是否正确。

说明：若 SoftX3000 侧数据配置正确，请确认对端 PBX 侧的数据配置是否正确。

13.5 任务验收

（1）硬件连接是否正确。

（2）数据配置内容是否完备、正确。

（3）局间电话互拨是否正常，有无告警。

（4）小组演示工作成果，并派代表陈述项目完成的思路、经过和遇到的问题等。

（5）验收过程中，随机提出问题，小组成员回答是否正确。

任务 14 SoftX3000 与 PSTN 交换机对接

14.1 任务描述

本任务通过一个小型的工程项目，让学生在实践中学习 SoftX3000 与 PSTN 网交换机对接组成国内长途局间的典型组网、设备连接方法、SoftX3000 侧和 UMG8900 侧的数据配置方法。软交换设备与 PSTN 网交换机对接是传统的电路交换网向 NGN 网络演进的重要途径之一，通过该任务可加强学生对 NGN 网络演进、通用媒体网关设备 UMG8900 和 7 号信令的理解与应用能力。

本任务要求完成 SoftX3000 与 PSTN 网交换机 CC08 对接的硬件连接和数据配置，具体如下：

（1）掌握 SoftX3000 与 PBX 交换机对接的硬件连接方法。

（2）根据数据规划，完成 SoftX3000 侧和 UMG8900 侧的数据配置。

（3）验证国内长途局间电话业务。

14.2 学习目标和实验器材

学习完该任务，你将能够：

（1）读懂 SoftX3000 与 PSTN 交换机对接配置项目的任务书，理解、明确任务要求。

（2）使用 Visio 软件完成与 PSTN 交换机对接组网的连接图。

（3）掌握 SoftX3000 与 PSTN 交换机对接数据配置的流程、命令和相关注意事项；根据对接数据规划，完成 SoftX3000 侧和 UMG8900 侧的数据配置。

（4）掌握国内长途电话业务的开通配置方法，完成业务调测。

（5）能够进行项目完成情况的评价。

（6）通过组员间相互协作加强沟通交流能力，形成团队精神。

实验器材：SoftX3000 设备、BAM 服务器、二层交换机、三层交换机、CC08 交换机、UMG8900、UA5000、模拟话机、华为 LMT 本地终端维护软件、e-Bridge 软件、Visio 软件、计算机等。

14.3 知识准备

14.3.1 整体介绍

Softx3000 设备与 PSTN 交换机在 NGN 网络中的位置参见图 13-1。

当 SoftX3000 与传统 PSTN 网络进行互通组网时，一般采用 No.7 信令作为局间信令。对于 PSTN 交换机而言，其 No.7 信令只能基于 MTP 链路承载；而对于 SoftX3000 而言，其 No.7 信令则可以具有多种承载方式。当 SoftX3000 侧的 No.7 信令基于 M2UA 链路承载时，其典型组网如图 14-1 所示。

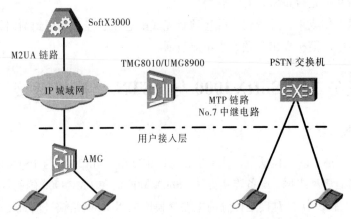

图 14-1　SoftX3000 与 PSTN 交换机对接典型组网

14.3.2 设备介绍

这里以 CC08 交换机为例进行介绍。

华为 CC08 可以作为端局、本地网交换局、大容量交换中心和综合业务平台使用，能提供丰富的业务和功能，支持语音、数据、视频等信息的传递，能适应家庭用户和集团用户的各种需求。

图 14-2 所示的 CC08 机架由 BAM 后管理服务器、主控框、时钟框、中继框、用户框组成。

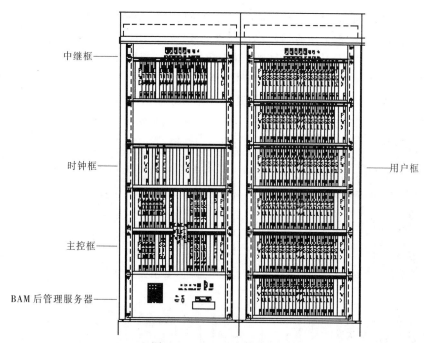

图 14-2 CC08 交换机的机框单板

各实物框图如图 14-3～图 14-6 所示。

图 14-3 主控框图（一）

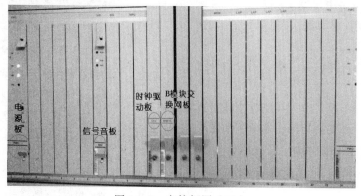

图 14-4 主控框图（二）

（1）MPU：主处理板，是整个交换机的核心，对交换机进行管理和控制。

（2）BNETA：中心交换网板，所有信号都在该板交换，完成用户连接。

（3）NOD：主结点板，用于 MPU 与用户/中继之间的通信，起桥梁作用。

（4）LAP：7 号信令处理板，接收和发送 7 号信令消息。

（5）SIG：信号音板，提供交换机接续时需要的各种信号音。

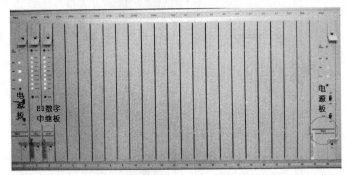

图 14-5　中继框

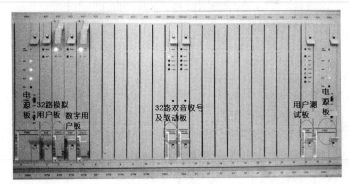

图 14-6　用户框

（6）CKV：时钟驱动板。

（7）ALM：告警板，为外接告警箱提供信号驱动和连接功能。

（8）DTM：E1 数字中继板。

（9）A32：32 路模拟用户板。

（10）DSL：数字用户板。

（11）DRV：双音驱动板，提供双音信号的收发和解码，为 A32 提供驱动电路。

（12）TSS：用户测试板，测试用户内外线。

2．接线箱

接线箱又称端子箱，作为线路过渡连接、线路跳接、跨接用的箱体，里面安装有接线端子，如图 14-7 所示。

14.3.3　实验室组网示例

实验室对接组网示例如图 14-8 所示。

图 14-7　接线箱

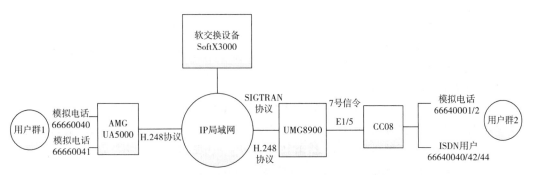

注：SoftX3000是NGN网络的交换机，本局，信令点编码333333，本地号首0，区号10；
　　　CC08程控交换机是一个同级局，信令点编码222222，本地号首1，区号21

图 14-8　SoftX3000 设备与 CC08 交换机对接组网示例

14.3.4　硬件连接方法

SoftX3000 与 CC08 设备对接的硬件连接如图 14-9 所示。

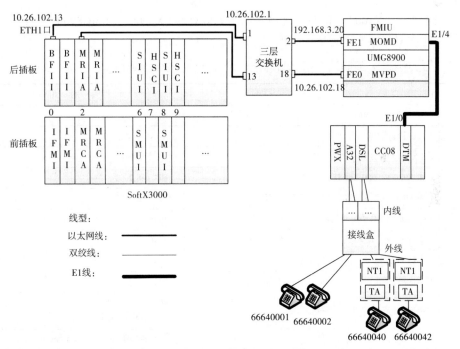

图 14-9　SoftX3000 与 CC08 设备对接硬件连接图

14.4　任务实施

14.4.1　工作步骤

（1）完成设备间的硬件连接。

（2）根据配置练习的步骤，练习 SoftX3000 与 CC08 设备对接 SoftX3000 侧的数据配置方法，UMG8900 侧数据的离线配置方法。

（3）根据实验任务的数据规划内容，完成 SoftX3000 侧和 UMG8900 侧的数据配置。

（4）开通并依据调测指导验证国内长途局间业务。

14.4.2 数据规划

下面是为练习规划的数据。

1. SoftX3000 侧

（1）FCCU 板模块号为 30，BSGI 模块号为 140。

（2）信令网关标识为 3，M2UA 链路集索引为 3，M2UA 链路号为 3。

（3）目的信令点索引为 3，MTP 链路集为 3，MTP 链路号为 3，起始电路的终端标识为 112。

（4）局向号为 3，子路由号为 0，路由号为 3，路由选择码为 3。

（5）中继群号为 3，计费源码为 64，呼叫源码为 64。

（6）中继电路起始 CIC 为 0，起始电路号为 96，结束电路号为 127。

（7）呼叫字冠为 021，国内长途，路由选择码为 1，最小号长为 11，最大号长为 11，计费选择码为 64。

（8）呼叫字冠为 010，本局，路由选择码为 65535，最小号长为 11，最大号长为 11，计费选择码为 1。

（9）在配置 SoftX3000 侧的数据之前，操作员应就 SoftX3000 与 UMG8900、PSTN 交换机之间的以下主要对接参数进行协商，如表 14-1、表 14-2 所示。

表 14-1　SoftX3000 与 UMG8900 之间对接参数表

序　号	对接参数项	参　数　值
1	SoftX3000 与 UMG8900 之间采用的控制协议	H.248 协议
2	H.248 协议的编码类型	ABNF（文本方式）
3	SoftX3000 的 IFMI 板的 IP 地址	10.26.102.13
4	UMG8900 用于 H.248 协议的 IP 地址	192.168.2.18
5	UMG8900 用于 SIGTRAN 协议的 IP 地址	192.168.2.18
6	SoftX3000 侧 H.248 协议的本地 UDP 端口号	2944
7	UMG8900 侧 H.248 协议的本地 UDP 端口号	2946
8	SoftX3000 侧（Client 端）M2UA 链路的本地 SCTP 端口号	2906
9	UMG8900 侧（Server 端）M2UA 链路的本地 SCTP 端口号	2904
10	UMG8900 支持的语音编解码方式	PCMA、PCMU、G7231、G726、T38、AMR、H261、H263、MPEG4
11	UMG8900 的 E1 的编号方式	从 0 开始
12	UMG8900 的终端标识（即 E1 时隙）的编号方式	从 0 开始
13	SoftX3000 侧 No.7 中继群的 E1 编号	3
14	UMG8900 侧对应于 No.7 中继群的 E1 标识	3
15	M2UA 链路集的传输模式	负荷分担模式
16	MTP 链路 0 的接口标识（整数型）	3（需要与 UMG8900 侧一致）

表 14-2　SoftX3000 与 CC08 之间对接参数表

序　号	对接参数项	参　数　值
1	SoftX3000 的信令点编码	123456（国内网）
2	PSTN 交换机的信令点编码	444444（国内网）

续表

序　号	对接参数项	参　数　值
3	MTP 链路编码	112
4	No.7 中继所使用的信令类型	ISUP
5	No.7 中继电路的 CIC 编码	96～127
6	No.7 中继电路的选择方式	采用循环选线方式，其中，本局主控奇数号电路，对端局主控偶数号电路

（10）UA5000 设备下的两个语音用户规划为本局用户，对接参数和用户信息规划如表 14-3 所示。

（11）本局用户呼叫字冠 8530，本局、基本业务，路由选择码为 65535，计费选择码为 12。

2．UMG8900 侧

（1）媒体网关数据规划同表 13-4。

（2）信令网关数据规划如表 14-3 所示。

表 14-3　UMG8900 侧信令网关数据规划

序　号	准　备　项	数　据　采　集
1	承载 M2UA 链路的本端地址	192.168.2.18/24
2	承载 M2UA 链路的对端地址	SoftX3000：10.26.102.13/24
3	承载 M2UA 链路的本端端口号	2904
4	承载 M2UA 链路的对端端口号	2906
5	L2UA 链路集	3
6	L2UA 链路	3
7	MTP 链路占用的 TDM 时隙	0 号 PRA 链路建立在 1 号槽 OMU 板 3 号 E1 端口的 TS 16
8	MTP 链路的整形接口标识	3

14.4.3　配置练习

数据配置主要涉及媒体网关数据、M2UA 数据、MTP 数据、路由数据、No.7 中继数据以及号码分析数据。

1．SoftX3000 侧数据配置

（1）执行脱机操作：

① 脱机，同 5.4.3 节 1（1）。

② 关闭格式转换开关，同 5.4.3 节 1（2）。

（2）配置基础数据：基础数据包括硬件数据和本局、计费数据，是任务 5 和任务 6 学习的内容，这里采用脚本的方式，用批处理方法执行（见图 6-2 所示）。基础数据配置脚本参见附录 C。

（3）配置媒体网关数据：

输入 ADD MGW 命令，增加媒体网关。增加一个 UMG8900，设备标识为 192.168.2.18:2946，FCCU 模块号为 30，方法可参考图 13-10。

（4）配置 M2UA 数据：

① 输入 ADD SG 命令，增加信令网关。增加一个内嵌式信令网关（内嵌在 UMG8900 内部），信令网关标识为 3，如图 14-10 所示。

图 14-10　增加信令网关

说明：本例中使用 UMG8900 内嵌的信令网关来处理 IUA 协议，因此，命令中的"信令网关类型"参数必须设置为"emb（嵌入式网关）"；"设备标识"参数必须设置为 UMG8900的设备标识，此处为 192.168.2.18:2946。

② 输入 ADD M2LKS 命令，增加 M2UA 链路集。链路集索引设 3，采用 INTEOER（整数型）接口标识，如图 14-11 所示。

图 14-11　增加 M2UA 链路集

说明：若出现特殊情况，一般建议将链路集的传输模式设为"负荷分担模式"，且链路集的传输模式必须与信令网关侧保持一致，否则，该链路集下所有的 M2UA 链路均将不能正常工作。

③ 输入 ADD M2LNK 命令，增加 M2UA 链路。SoftX3000 为 Client 端，BSGI 模块号为140，链路号为 3，本地端口号为 2906，对端端口号取默认值 2904，如图 14-12 所示。

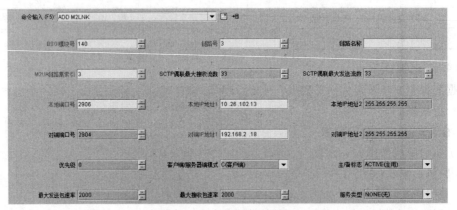

图 14-12　增加 M2UA 链路

说明：此命令中的"对端 IP 地址"必须为 UMG8900 用于 SIGTRAN 协议的 IP 地址，即为 192.168.2.18。

（5）增加 MTP 数据：

① 输入 ADD N7DSP 命令，增加 MTP 目的信令点。目的信令点索引 3 代表 CC08 交换机，如图 14-13 所示。

图 14-13 增加 MTP 目的信令点

说明：对于目的信令点索引为 3 的 PSTN 交换机而言，命令中的"STP 标志"参数设为 FALSE，"相邻标志"参数设为 TRUE。

② 输入 ADD N7LKS 命令，增加 MTP 链路集。链路集索引为 3，相邻目的信令点索引为 3，如图 14-14 所示。

图 14-14 增加 MTP 链路集

说明：由于 SoftX3000 与 PSTN 交换机之间的 No.7 信令连接为直联方式，因此，命令中的"相邻目的信令点索引"只能填 PSTN 交换机的信令点索引，此处为 3。

③ 输入 ADD N7LNK 命令，增加 MTP 链路。MTP 链路 3 的 No.7 信令业务由 140 号 BSGI 模块的 M2UA 链路集 3 承载，其整型接口标识为 3，链路集为 3，SLC（信令链路编码）为 3，起始电路的终端标识为 112，如图 14-15 所示。

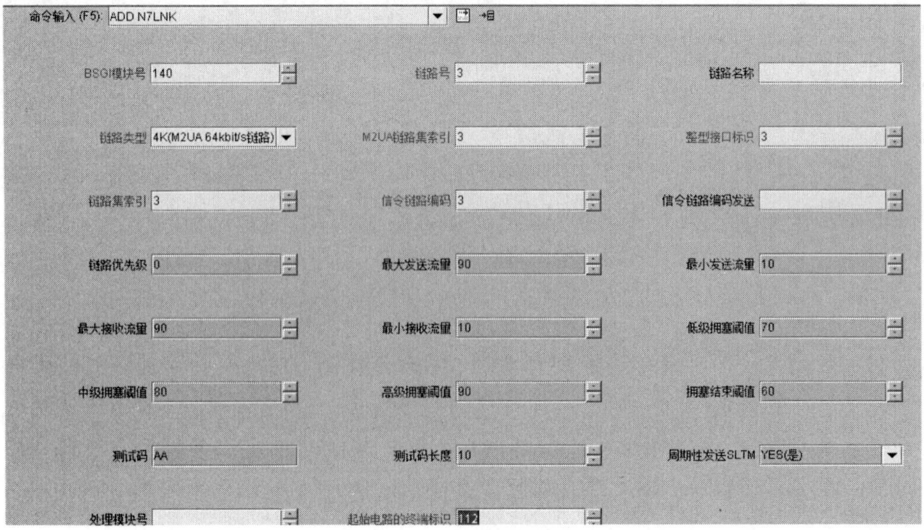

图 14-15 增加 MTP 链路

说明：

● 由于 SoftX3000 采用 M2UA 来承载 MTP 链路的 No.7 信令业务，因此，命令中的"链路类型"参数必须选择 M2UA 64kbit/s link。

● 对于由 M2UA 承载 No.7 信令业务的 MTP 链路（在 SoftX3000 侧为逻辑链路），必须为其定义接口标识，且对于不同的 MTP 链路，其相应的（整数型）接口标识不能相同。

● 命令中的"起始电路的终端标识"为与中继媒体网关侧的对接参数，标识了承载该 MTP 链路的中继电路在所属中继媒体网关的电路时隙的编号。例如，TID 取值为 112，标识此链路占用了 UMG8900 侧第 3 号 E1 的 16 号时隙。

④ 输入 ADD N7RT 命令，增加 MTP 路由。增加到 PSTN 交换局的 MTP 路由，目的信令点索引为 3，如图 14-16 所示。

图 14-16 增加 MTP 路由

说明：MTP3 是 SS7 的网络层，为 SoftX3000 的 ISUP、TUP、SCCP 和 BICC 提供信令承载，需要增加 MTP 路由时使用 ADD N7RT 命令。

（6）配置路由数据：

① 输入 ADD OFC 命令，增加局向。增加一个到 PSTN 交换局的局向，局向号为 3，DPC 为 444444，如图 14-17 所示。

图 14-17 增加局向

说明：

● 根据同级局路由不能迂回的原则，假设本局为汇接局，对端局为端局，则对端局的级别应为"下级局"。

● 由于本局中包含 No.7 中继电路，因此，命令中的 DPC 参数必须输入，否则，在使用 ADD N7TG 命令增加 No.7 中继群时将出错。

② 输入 ADD SRT 命令，增加子路由。子路由号为 0，局向号为 3，如图 14-18 所示。

图 14-18　增加子路由

说明：如果两个局之间存在一条直接语音信道或一条备用信道，就表示两个局之间存在一条子路由。

③ 输入 ADD RT 命令，增加路由。路由号为 3，第 1 子路由 0，如图 14-19 所示。

说明：一条路由指从本地局到某一指定局之间的所有子路由的集合。

图 14-19　增加路由

④ 输入 ADD RTANA 命令，增加路由分析数据。增加本局用户到 CC08-1 的路由分析数据，路由选择码为 3，如图 14-20 所示。

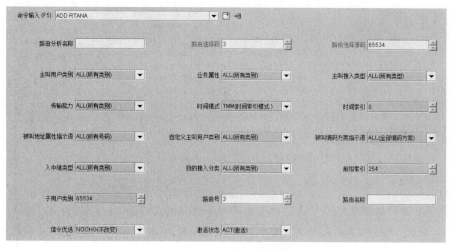

图 14-20　增加路由分析数据

说明：一般情况下，若无特殊需求，操作员应将命令中的"主叫用户类别""业务属性""主叫接入类型""传输能力""被叫地址属性指示语"等参数均设置为"全部"。

（7）增加 No.7 中继数据：

① 输入 ADD N7TG 命令，增加 No.7 中继群。中继群号 3 为双向中继，信令规范采用中国标准（此处为示例，具体应用时应正确配置），如图 14-21 所示。

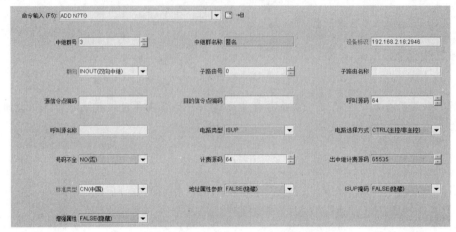

图 14-21 增加 No.7 中继群

说明：

- 由于只需对入中继计费，因此，命令中的"计费源码""出中继计费源码"参数分别为 64，默认为 65535。

- 由于 No.7 中继所使用的信令类型为 ISUP，因此，命令中的"电路类型"参数必须设为 ISUP。

② 输入 ADD N7TKC 命令，增加 No.7 中继电路。起始 CIC 为 0，FCCU 模块号为 30，如图 14-22 所示。

图 14-22 增加 No.7 中继电路

说明：

- 命令中的"起始电路号"与"结束电路号"是 SoftX3000 内部对 No.7、PRA、R2、V5 等 E1 中继电路在某个 FCCU 模块内的统一逻辑编号，其在 UMG8900 侧的物理编号由"起始电路终端标识"参数指定。

- 命令中的"起始电路的终端标识"为与中继媒体网关侧的对接参数，标识了这批中继电路在所属中继媒体网关的起始电路时隙的编号。例如，TID 取值为 96，标识这批中继电路属于 UMG8900 侧的第 3 号 E1。

- 起始电路号与起始电路终端标识之差的绝对值必须是 32 的整数倍，如 0、32、64、96 等。
- CIC 为电路识别码，其中低 5 位表示分配给话路的实际时隙号，其余 7 位表示源点和目的点的 PCM 系统识别码。起始 CIC 表示起始的电路设备码。

（8）本局语音用户配置：方法可参考 8.4.3 节。

（9）配置号码分析数据：

① 输入 ADD CNACLD 命令，增加呼叫字冠。增加出局呼叫字冠，字冠为 021，本地号首集为 5，如图 14-23 所示。

说明：

- 由于 021 为出局呼叫字冠，因此，命令中的"路由选择码"参数不能为 65535，此处为 3（在 ADD RTANA 命令定义）。
- 由于对字冠 021 采用目的码计费，因此，命令中的"计费选择码"参数也不能为 65535，此处为 64。

图 14-23　增加 021 呼叫字冠

② 输入 ADD CNACLD 命令，增加呼叫字冠。增加国内长途呼叫字冠，呼叫字冠为 010，本地号首集为 5，如图 14-24 所示。

图 14-24　增加 010 呼叫字冠

说明：

- 设置 010 为本局呼叫字冠，命令中的"路由选择码"参数为 65535。
- 该字冠用于本局用户或者中继用户呼入后，通过定义号首处理数据，使号码在本局落地。

③ 输入 ADD DNC 命令，增加号码变换数据。变换索引 1，删除号码最前面的 3 位数字，如图 14-25 所示。

图 14-25　增加号码变换数据

④ 输入 ADD PFXPRO 命令，增加号首处理数据，如图 14-26 所示。

（10）执行联机操作：

① 打开格式转换开关，同 5.4.3 节 3（1）。

② 联机，同 5.4.3 节 3（2）。

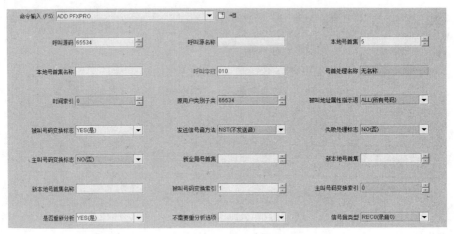

图 14-26　增加号首处理数据

2．UMG8900 设备侧配置

（1）环境启动（离线配置工具）：同 13.4.3 节 2（1）。

（2）配置硬件数据：同 13.4.3 节 2（2）。

（3）配置媒体网关数据：同 13.4.3 节 2（3）。

（4）配置信令网关数据：

① 输入 ADD L2UALKS 命令，增加链路集索引 3，协议类型 M2UA，如图 14-27 所示。

图 14-27　增加 M2UA 链路集

② 输入 ADD L2UALNK 命令，增加 L2UA 链路。链路号为 3，协议类型为 M2UA，SPF 板板

组号为 1, 链路集索引为 3, 本地 IP 地址为 192.168.2.18, 端口 2904, 远端 IP 为 10.26.102.13, 端口为 2906, 客户端/服务器为 Server (服务器), 优先级为 0, 如图 14-28 所示。

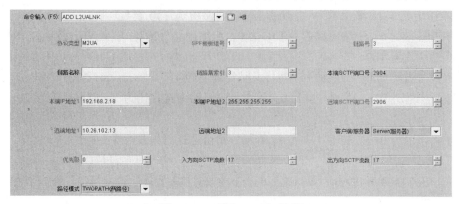

图 14-28　增加 M2UA 链路

③ 输入 ADD MTP2LNK 命令, 增加 MTP2 信令链路。链路号为 3, 链路集索引为 3, 接口板类型为 OMU, 接口板板组号为 1, E1T1 号为 3, 开始时隙号为 16, 整型接口 ID 为 3, SPF 板板组号为 1, 如图 14-29 所示。

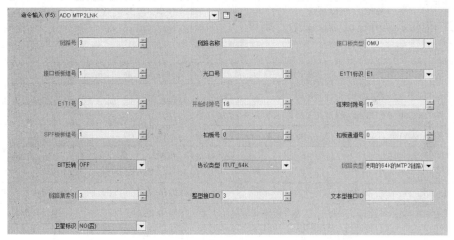

图 14-29　增加 MTP2 信令链路

（5）配置用户管理数据: 同 13.4.3 节 2 (5)。

3. CC08 设备侧配置

CC08 设备配置脚本参见附录 C。

14.4.4　实验

根据下面规划数据进行 SoftX3000 侧和 UMG8900 侧的配置, 实现 CC08 与 SoftX3000 采用 No.7 号信令的准确对接, UA5000 设备下本局用户和 PSTN 同级局用户间的国内长途电话互拨互通, 并且各用户均开通 CID (来电显示) 功能。

1. SoftX3000 设备侧

（1）FCCU 板模块号规划为 22, BSGI 模块号为 136。

（2）信令网关标识为 1, M2UA 链路集索引为 1, M2UA 链路号为 1。

（3）目的信令点索引为 1，MTP 链路集为 1，MTP 链路号为 1，整型接口标识为 2，信令链路编码为 2，起始电路的终端标识为 176。

（4）局向号为 1，子路由号为 1，路由号为 1，路由选择码为 1。

（5）中继群号为 1，中继电路起始 CIC 为 0，起始电路号为 160，结束电路号为 191，起始电路的终端标识为 160。

（6）本地号首集为 0，呼叫源码为 64，计费源码为 64。

（7）呼叫字冠为 021，本地号首集 0，国内长途，路由选择码为 1，最小号长为 11，最大号长为 11，计费选择码为 64。

（8）呼叫字冠为 010，本地号首集 0，本局，路由选择码为 65535，最小号长为 11，最大号长为 11，计费选择码为 1。

（9）SoftX3000 与 UMG8900、CC08 之间的以下主要对接参数规划如表 14-4、表 14-5 所示。

表 14-4　SoftX3000 与 UMG8900 之间对接参数规划

序　　号	对接参数项	参　数　值
1	SoftX3000 与 UMG8900 之间采用的控制协议	H.248 协议
2	H.248 协议的编码类型	ASN.1（二进制方式）
3	SoftX3000 的 IFMI 板的 IP 地址	10.26.102.13
4	UMG8900 用于 H.248 协议的 IP 地址	10.26.102.18
5	UMG8900 用于 SIGTRAN 协议的 IP 地址	10.26.102.18
6	SoftX3000 侧 H.248 协议的本地 UDP 端口号	2944
7	UMG8900 侧 H.248 协议的本地 UDP 端口号	2944
8	SoftX3000 侧（Client 端）M2UA 链路的本地 SCTP 端口号	2906
9	UMG8900 侧（Server 端）M2UA 链路的本地 SCTP 端口号	2904
10	UMG8900 支持的语音编解码方式	PCMA、PCMU、G7231、G726、T38、AMR、H261、H263、MPEG4
11	UMG8900 的 E1 的编号方式	从 0 开始
12	UMG8900 的终端标识（即 E1 时隙）的编号方式	从 0 开始
13	SoftX3000 侧 No.7 中继群的 E1 编号	5
14	UMG8900 侧对应于 No.7 中继群的 E1 标识	5
15	M2UA 链路集的传输模式	负荷分担模式
16	MTP 链路 0 的接口标识（整数型）	2

表 14-5　SoftX3000 与 CC08 之间对接参数规划

序　　号	对接参数项	参　数　值
1	SoftX3000 的信令点编码	333333（国内网）
2	PSTN 交换机的信令点编码	222222（国内网）
3	MTP 链路编码	176
4	No.7 中继所使用的信令类型	ISUP
5	No.7 中继电路的 CIC 编码	160～191
6	No.7 中继电路的选择方式	采用循环选线方式，其中，本局主控奇数号电路，对端局主控偶数号电路

（10）UA5000 设备下的两个语音用户规划为本局用户，对接参数和用户信息规划参见表 13-8。

（11）基础数据配置脚本参见附录 C。

2．UMG8900 侧

（1）媒体网关数据规划同表 13-9。

（2）信令网关数据规划如表 14-6 所示。

表 14-6　UMG8900 侧信令网关数据规划

序　号	准　备　项	数　据　采　集
1	承载 M2UA 链路的本端地址	10.26.102.18/24
2	承载 M2UA 链路的对端地址	SoftX3000：10.26.102.13/24
3	承载 M2UA 链路的本端端口号	2904
4	承载 M2UA 链路的对端端口号	2904
5	L2UA 链路集	1
6	L2UA 链路	1
7	MTP 链路占用的 TDM 时隙	0 号 PRA 链路建立在 1 号槽 OMU 板 5 号 E1 端口的 TS 16
8	MTP 链路的整形接口标识	1

14.4.5　调测指导

在配置完 SoftX3000 与 CC08 交换机（采用 H.248 协议，M2UA 协议）对接数据后，用户可以按照调测步骤进行业务验证。

1．检查网络连接是否正常

在 SoftX3000 客户端使用 ping 命令，或者在接口跟踪任务中使用 Ping 工具，检查 SoftX3000 与 UMG8900 之间的网络连接是否正常：

（1）如果网络连接正常，请继续后续步骤。

（2）如果网络连接不正常，请在排除网络故障后继续后续步骤。

2．检查 UMG8900 是否已经正常注册

在 SoftX3000 的客户端使用 DSP MGW 命令，查询该 UMG8900 是否已经正常注册，然后根据系统的返回结果决定下一步的操作：

（1）如果查询结果为 Normal，表示 UMG8900 正常注册，数据配置正确。

（2）如果查询结果为 Disconnect，表示 UMG8900 曾经进行过注册，但目前已经退出运行，请确认双方的配置数据是否曾经被修改过。

（3）如果查询结果为 Fault，表示网关无法正常注册，请使用 LST MGW 命令检查设备标识、远端 IP 地址、远端端口号、编码类型等参数的配置是否正确。

3．检查 M2UA 链路的状态是否正常

在 SoftX3000 的客户端使用 DSP M2LNK 命令，查询相关 M2UA 链路的状态是否正常，然后根据系统的返回结果决定下一步的操作：

（1）如果查询结果为 Active，表示 M2UA 链路状态正常，数据配置正确。

（2）如果查询结果为 InActive，表示 M2UA 链路处于未激活状态，可以使用命令 ACT M2LNK 尝试激活链路。

（3）如果查询结果为 Not Established，表示 M2UA 链路处于未建立状态，请首先使用 LST M2LKS 命令检查 M2UA 链路集的传输模式与信令网关（UMG8900 内嵌）侧是否一致；然后再使用 LST M2LNK 命令检查本地端口号、本地 IP 地址、远端端口号、远端 IP 地址等参数的配置是否正确。

4．检查 MTP 链路的状态是否正常

根据上一步骤中分析出的 M2UA 链路的状态进行下面的操作：

（1）如果 M2UA 链路正常，在 SoftX3000 的客户端使用 DSP N7LNK 命令，查询相关 MTP 链路的状态是否正常。

（2）如果 M2UA 状态不正常，请使用 LST N7LNK 命令检查模块号、链路类型、起始电路号、信令链路编码、信令链路编码发送等参数的配置是否正确。

5．检查 MTP 目的信令点是否可达

在 SoftX3000 的客户端使用 DSP N7DSP 命令，查询相关 MTP 目的信令点是否可达。如果目的信令点不可达，请依次使用 LST N7DSP、LST N7LKS、LST N7RT 等命令检查目的信令点编码、目的信令点索引、链路集索引等参数的索引关系是否正确。

6．检查 No.7 中继电路的状态是否正常

在 SoftX3000 的客户端使用 DSP N7C 命令，查询相关 No.7 中继电路的状态是否正常。如果状态不正常，请使用 LST TG、LST TKC 等命令检查设备标识、OPC、DPC、起始 CIC、起始电路终端标识等参数的配置是否正确。

7．拨打电话进行通话测试

若上述检查一切正常，则可以在软交换局使用电话拨打 PSTN 交换局的用户进行测试：

（1）如果通话正常，则说明数据配置正确。

（2）如果不能通话或通话不正常，则依次使用 LST CNACLD、LST RTANA、LST RT、LST SRT、LST TG 等命令检查路由选择码、路由号、子路由号、中继群号等参数的索引关系是否正确。

说明：如果 SoftX3000 侧数据配置正确，请确认对端 PSTN 侧的数据配置是否正确。

14.5 任务验收

（1）硬件连接是否正确。

（2）数据配置内容是否完备、正确。

（3）局间电话互拨是否正常，有无告警。

（4）小组演示工作成果，并派代表陈述项目完成的思路、经过和遇到的问题等。

（5）验收过程中，随机提出问题，小组成员回答是否正确。

华为本地维护终端软件介绍

1. 本地维护终端软件界面

华为 LMT（本地维护终端）软件的操作界面如图 A-1 所示。

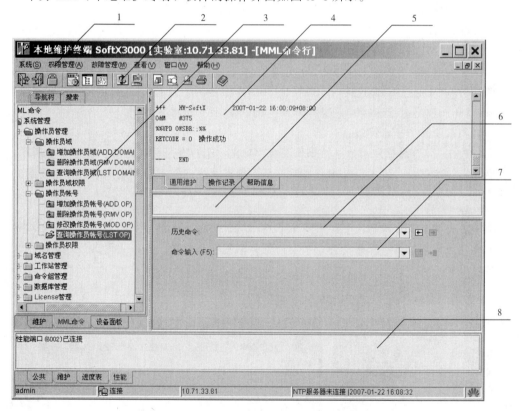

图 A-1　华为 LMT 软件的操作界面

图 A-1 中各指示项说明如表 A-1 所示。

表 A-1　各指示项说明

编　　号	名　　称	说　　　明
1	菜单栏	提供了系统的菜单操作
2	工具栏	提供了系统的快捷图标操作
3	导航树窗口	以树形结构的方式提供了各类操作对象

续表

编　号	名　称	说　明
4	系统信息输出窗口	用户进行操作的窗口、提供操作对象的详细信息，如果使用 MML 命令导航树进行操作维护，则该区域显示 MML 命令行客户端
5	操作信息输出窗口	记录当前操作及系统反馈的详细信息，主要显示与 BAM 之间进行通信时下发的 MML 命令以及 MML 返回结果等信息
6	历史命令显示栏	用于显示操作员在本次操作活动中曾经成功执行过的 MML 命令
7	命令行输入窗口	用于显示客户端下发给 BAM 的具体命令信息
8	命令输入栏	提供单个 MML 命令的输入功能

本地维护操作终端提供两种在线帮助：本地维护终端帮助和 MML 帮助。前者提供各对话框字段含义、本地维护终端各项功能描述和操作指导、Softx3000 和 umg8900 各单板详细信息、各告警项详细信息、NGN 上术语和缩略语。后者提供命令功能、注意事项、参数标识、命令使用实例、输出结果说明（仅对查询类命令）。

2. 本地维护终端软件的使用

（1）设置本地维护操作终端计算机的 IP 地址。

计算机与 BAM 通过 LAN 连接时，IP 地址与 BAM 的外网虚拟 IP 地址必须属于相同网段。计算机与 BAM 通过路由器连接时，这两个 IP 地址可属于不同网段。

（2）启动本地维护操作终端：

① 在 Windows 界面单击本地维护操作图标，弹出"用户登录"对话框，如图 A-2 所示。

如果是第一次登录，进入第②步；如果不是，则在"局向"下拉列表框中选择将要建立连接的局向，进入第⑥步。

说明：单击"离线"按钮，可以离线登录本地维护终端。通过离线登录，用户不通过登录 BAM 也能使用本地维护终端的部分功能，例如浏览联机帮助。单击"退出"按钮，可直接退出本地维护终端。

② 单击局向图标"…"，弹出"局向管理"对话框，如图 A-3 所示。

图 A-2　"用户登录"对话框

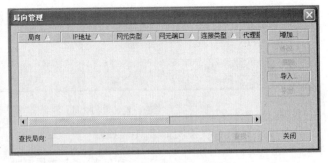

图 A-3　"局向管理"对话框

③ 单击"增加"按钮，弹出"增加"对话框，如图 A-4 所示。

④ 在"增加"对话框中，定义局向名，输入 BAM 的外网虚拟 IP 地址，单击"确定"按钮，返回"局向管理"对话框，如图 A-5 所示。

图 A-4　"增加"对话框　　　　图 A-5　定义局向名后的"局向管理"对话框

⑤ 在"局向管理"对话框中，单击"关闭"按钮，完成局向配置，返回"用户登录"对话框。

⑥ 输入用户名和密码，选择局向和用户类型（见图 A-6），单击"登录"按钮，进入本地维护终端主界面。

图 A-6　设置后的"用户登录"对话框

说明：

- admin 的登录密码在安装 BAM 应用程序时已设定，在 Softx3000 局向的密码是 softx3000。在 UMG8900 局向的密码是 9061mgw。应注意的是，admin 是系统管理员最高级别的用户名账户，为安全着想，要建立备份的系统管理最高级别的用户名账户，并给其他级别较低的使用者另外建立低级别的用户名账户（例如学生实习）。

- 如果以离线状态进入操作，只能使用部分功能，如查看 MML 命令帮助等。

3．MML 命令

MML 命令是本地维护终端的一种操作方式，可以通过 MML 命令对 Softx3000 和 umg8900 进行全面的操作和维护。

MML 命令采用"动作＋对象"的格式，其命令类型说明如表 A-2 所示。

表 A-2　MML 命令类型说明

动作的英文缩写	动作的含义	动作的英文缩写	动作的含义
ACT	激活	LCK	锁定
ADD	增加	LOD	加载
ADT	核查	LST	查询
BKP	备份	MOD	修改

续表

动作的英文缩写	动作的含义	动作的英文缩写	动作的含义
BLK	闭塞	PING	ping 命令
CHK	检查	REL	释放
CLR	清除	REQ	请求
CMP	比较	RUN	执行
COL	收集	RMV	删除
CON	确认	RST	复位
DEA	去激活	SET	设置
DSP	查询	STA	统计
EST	建立	SYN	同步
EXP	导出	TRC	跟踪
INS	安装		

MML 命令客户端介绍如下：

MML 命令行客户端集成在本地维护终端子系统上，提供执行 MML 命令的用户界面，如图 A-7 所示。

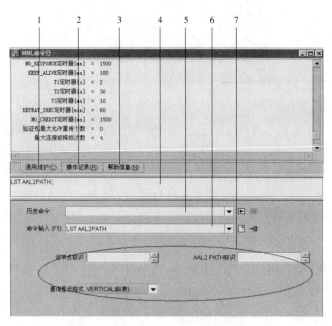

图 A-7　执行 MML 命令的用户界面

图 A-7 中各指示项说明如表 A-3 所示。

表 A-3　各指示项说明

编　号	名　　称	说　　明
1	"通用维护"窗口	显示命令的执行结果等反馈信息
2	"操作记录"窗口	显示操作员执行的历史命令信息

编 号	名 称	说 明
3	"帮助信息"窗口	显示命令的帮助信息
4	命令输入区域	显示正在输入的当前命令或历史命令框中的选中命令及其参数值
5	历史命令框	下拉框记录当前操作员本次登录系统后所执行的命令及参数
6	命令输入框	显示系统提供的所有 MML 命令,可以选择其一或直接手工输入作为当前执行命令
7	命令参数区域	用于命令参数赋值,显示命令输入框中的前命令所包含的所有参数,红色代表必选参数,黑色代表可选参数

进入 MML 命令客户端的操作步骤如下:

(1)单击本地维护终端左面导航树窗口下方的"MML 命令"选项卡,进入"导航树"窗口。

(2)双击"导航树"窗口中的 MML 命令结点,启动 NGN 命令行客户端。

(3)在 MML 命令客户端执行单条 MML 命令有 4 种等效方式,分别是:

① 从命令输入框输入 MML 命令。

② 从历史命令框中选择 MML 命令。

③ 在命令输入区域粘贴 MML 命令脚本。

④ 在"MML 命令"导航树上选择 MML 命令。

当在 MML 命令行客户端的命令输入框中输入一条命令后,按【Enter】键或单击命令输入框右侧的"→"按钮,命令参数区域将显示该命令包含的所有参数。

在命令参数区域输入参数值后,按【F9】键或单击命令输入框最右边的图标执行这条命令。在 MML 命令行客户端的"通用维护"显示窗口返回执行结果。

在本地维护终端上可运行批处理 MML 命令,以避免逐条运行单条命令,可提示运行效率。

4.管理 NGN 系统上的告警

通过本地维护终端对 NGN 系统上的告警进行管理,能够更有效地对告警进行分析,定位和解决相关故障。

对告警的管理概念包括:告警类别、告警级别、告警事件类型。

(1)告警类别:分为故障告警和事件告警两类,如表 A-4 所示。

表 A-4　告警类别及描述

告 警 类 别	描 述
故障告警	由于硬件设备故障或某些重要功能异常而产生的告警,如单板故障、链路故障。通常故障告警的严重性比事件告警高。故障告警发生后,根据故障所处的状态,可分为恢复告警和活动告警
事件告警	事件告警是设备运行时的一个瞬间状态,只表明系统在某时刻发生了某一预定义的特定事件,如通道拥塞,并不一定代表故障状态。某些事件告警是定时重发,事件告警没有恢复告警和活动告警之分

如果故障已经恢复,该告警处于"恢复"状态,称为恢复告警。

如果故障尚未恢复,该告警处于"活动"状态,称为活动告警。

（2）告警级别：用于识别一条告警的严重程度，分为4种，如表A-5所示。

表A-5　告警类别及处理方法

告警级别	定义	处理方法
紧急告警	此类级别的告警影响到系统提供的服务，必须立即处理。即使该告警在非工作时间内发生，也需立即采取措施。如果设备或资源完全不可用，需对其进行修复	需要紧急处理，否则系统有瘫痪危险
重要告警	此类级别的告警影响到服务质量，需要在工作时间内处理，否则会影响到重要功能的实现。如果某设备或资源服务质量下降，需对其进行修复	需要及时处理，否则会影响重要功能的实现
次于告警	此类级别的告警影响到服务质量，但为了避免更严重的故障，需要在适当时候进行处理或进一步观察	发送此类别的告警是提醒维护人员及时查找告警原因，消除告警隐患
提示告警	此类级别的告警指示可能有潜在的错误影响到提供的服务，相应的措施根据不同的错误进行处理	只要对系统的运行状态有所了解即可

（3）告警事件类型：可将产生的告警分为10类：

电源系统告警、环境系统告警、信令系统告警、中继系统告警、硬件系统告警、软件系统告警、运行系统告警、通信系统告警、业务质量告警、处理出错告警。

通过本地维护终端界面上的"告警浏览"窗口可以实时监控上报的告警信息。还可查询告警日志，从BAM数据库中按条件查询系统产生的历史告警信息。

查询告警日志的步骤如下：

① 在本地维护终端界面，选择"故障管理"→"告警日志查询"命令，弹出"告警日志查询"对话框，如图A-8所示。

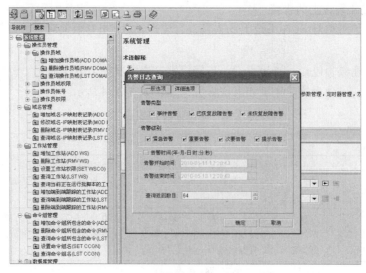

图 A-8 "告警日志查询"对话框

② 根据需要设置查询条件。

③ 单击"确定"按钮，出现告警日志查询窗口，如图 A-9 所示。

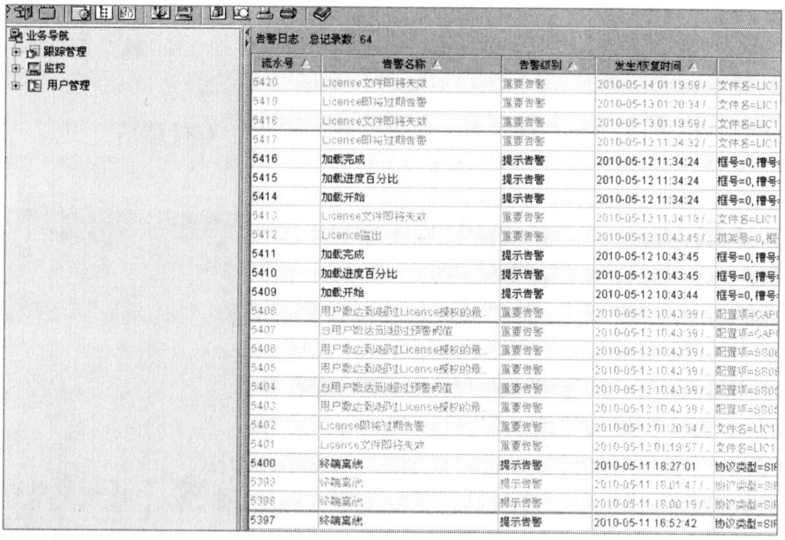

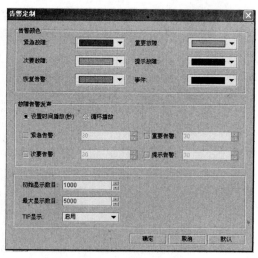

图 A-9 告警日志查询窗口

④ 在窗口中浏览历史告警查询结果。

⑤ 如果需要了解某条告警的详细信息，双击此告警记录，在弹出的"告警详细信息"对话框中查看详细信息。

⑥ 浏览结束后，单击窗口右上角的"×"按钮关闭窗口。

在 MML 命令行客户端执行命令 LST ALMLOG 可查询告警日志。

在告警窗口中告警信息可从字体颜色中显示出告警级别和程度，如图 A-10 所示。

图 A-10 "告警定制"对话框

5. 跟踪管理和监控

在本地维护终端可以对 NGN 系统的相关设备进行实时性能监控，通过对当前设备和业务运行状态的监测，可对发现的异常情况进行分析，便于设备的维护和故障解除。

（1）在本地维护终端的导航树窗口下方，选择"维护"选项卡。

（2）打开业务导航目录，出现"跟踪管理""监控""用户管理"的树形子目录。

（3）根据所需做的工作单击"跟踪管理"或"监控"。

例如，要对 SIP 电话的接续状态进行跟踪，可选宽带信令跟踪子目录下的 SIP，在出现的"SIP 消息跟踪"对话框中，单击"确定"按钮，如图 A–11 所示。

用某一 SIP 电话拨打其他电话时，在 SIP 消息跟踪框中，有接续信息出现，如图 A–12 所示。

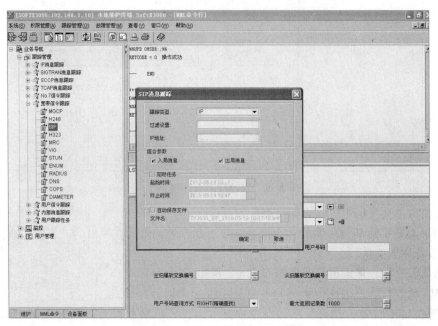

图 A–11 "SIP 消息跟踪"对话框

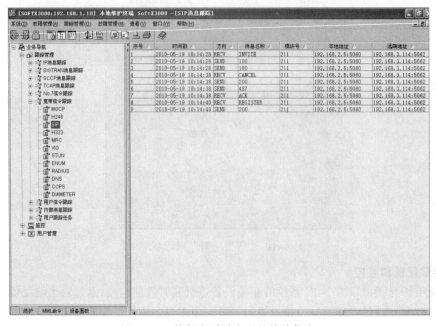

图 A–12 拨打电话时出现的接续信息

如果在 SIP 电话接续有问题时，单击其消息名称，则显示该消息跟踪的详细信息，如图 A-13 所示。

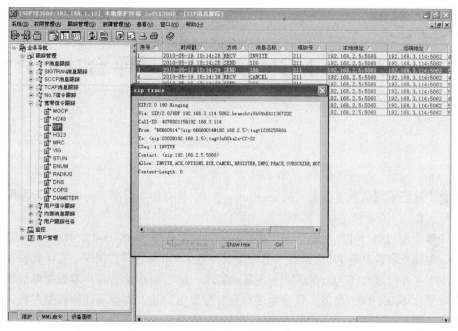

图 A-13　显示该消息跟踪的详细信息

如果监测某设备的状态，例如看 SIP 电话的注册状态等信息时，可选监控子目录下的 H323/SIP 终端状态，然后在查询设备对话框中的"设备 ID"栏中填入"*"，单击"查询"按钮，则显示如图 A-14 所示信息，图中信息在不断地实时刷新。

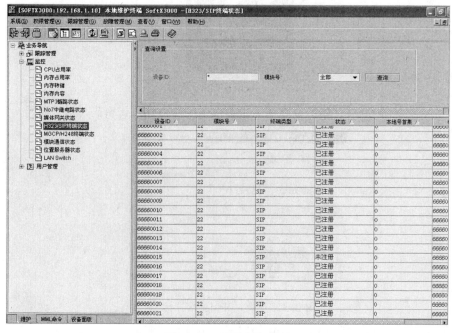

图 A-14　显示查询信息

附录 B

➡ e-Bridge NGN 软交换实验平台功能介绍

在教学中我们采用深圳迅方公司的 e-Bridge NGN 软交换实验平台协助进行业务配置的加载和验证工作。

该软件有两大功能，对教学有很大帮助。第一项功能是将 SoftX3000 的 BAM 服务器数据库本地化，让每一个客户端 PC 上都有一套完整的本地 BAM 服务器数据库。这样就满足了在教学环境中学生并行进行 SoftX3000 业务配置的需求。第二项功能是客户端数据申请加载，加载完成后复位 SoftX3000 设备，供学生进行业务配置的验证。支持从硬件数据配置到所有业务配置的功能验证。

e-Bridge 软件的操作步骤如下：

（1）双击 e-Bridge Client 图标（见图 B-1），打开 e-Bridge 的客户端软件。

图 B-1　e-Bridge Client 图标

（2）输入学号密码登录，如图 B-2 所示。学号：1～100 均可，密码与学号相同。

图 B-2　登录 e-Bridge 客户端

（3）单击 NGN 图标，选中 SoftX3000 的版本，如图 B-3 所示。

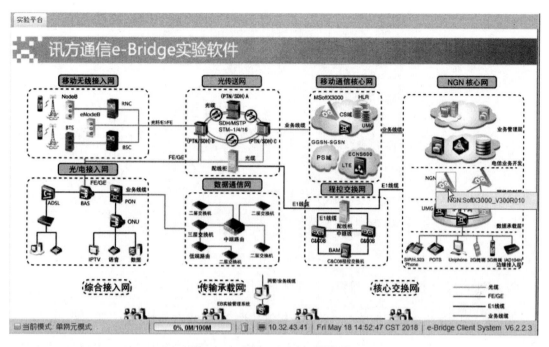

图 B-3　选择 SoftX3000 的版本

（4）单击"进入实验"按钮，如图 B-4 所示。

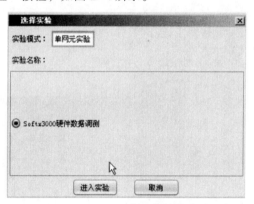

图 B-4　"选择实验"对话框

（5）填写正确的 e-Bridge 服务器 IP 地址、端口号，单击"确定"按钮，如图 B-5 所示。

图 B-5　填写 IP 地址、端口号

（6）单击"清空数据"按钮，清空数据，如图 B-6 所示。

图 B-6　清空数据

（7）单击"业务操作终端"按钮，打开业务操作终端，如图 B-7 所示。

说明：LMT 操作终端可以通过 e-Bridge 软件打开，也可以自行打开，效果一样。

（8）登录 LMT 操作终端，局向选择 LOCAL:127.0.0.1，用户类型选择"本地用户"（见图 B-8），用户名和密码同附录 A。

图 B-7　打开业务操作终端

图 B-8　登录 LMT 操作终端

（9）进行业务配置。

（10）配置完成后申请加载数据，如图 B-9、图 B-10 所示。

图 B-9　进行业务配置

图 B-10　申请加载数据

（11）加载完成后，进行业务验证。

（12）业务验证完成后，申请放弃占用，如图 B-11 所示。

图 B-11　申请放弃占用

附录 C

➡ 相关脚本

1. **硬件数据配置脚本**

ADD SHF: SHN=0, ZN=0, RN=0, CN=0;

ADD FRM: FN=0, SHN=0, PN=2;

ADD BRD: FN=0, SLN=0, LOC=FRONT, FRBT=IFMI, MN=132, ASS=255;

ADD BRD: FN=0, SLN=1, LOC=FRONT, FRBT=IFMI, MN=133, ASS=255;

ADD BRD: FN=0, SLN=2, LOC=FRONT, FRBT=MRCA, MN=212, ASS=3;

ADD BRD: FN=0, SLN=4, LOC=FRONT, FRBT=FCCU, MN=22, ASS=5;

ADD BRD: FN=0, SLN=10, LOC=FRONT, FRBT=CDBI, MN=102, ASS=11;

ADD BRD: FN=0, SLN=12, LOC=FRONT, FRBT=BSGI, MN=136;

ADD BRD: FN=0, SLN=14, LOC=FRONT, FRBT=MSGI, MN=211, ASS=255;

ADD FECFG: MN=132, IP="10.26.102.13", MSK="255.255.255.0", DGW="10.26.102.1", SO=AD-1;

ADD CDBFUNC: CDPM=102, FCF=LOC-1&TK-1&MGWR-1&BWLIST-1&IPN-1&DISP-1&SPDNC-1&RACF-1&UC-1&KS-1&PRESEL-1,CONFIRM=Y;

2. **基础数据练习配置脚本**

ADD SHF: SHN=0, ZN=0, RN=0, CN=0;

ADD FRM: FN=0, SHN=0, PN=2;

ADD BRD: FN=0, SLN=0, LOC=FRONT, FRBT=IFMI, MN=132, ASS=255;

ADD BRD: FN=0, SLN=1, LOC=FRONT, FRBT=IFMI, MN=133, ASS=255;

ADD BRD: FN=0, SLN=2, LOC=FRONT, FRBT=MRCA, MN=212, ASS=3;

ADD BRD: FN=0, SLN=4, LOC=FRONT, FRBT=FCCU, MN=30, ASS=5;

ADD BRD: FN=0, SLN=10, LOC=FRONT, FRBT=CDBI, MN=102, ASS=11;

ADD BRD: FN=0, SLN=12, LOC=FRONT, FRBT=BSGI, MN=140;

ADD BRD: FN=0, SLN=14, LOC=FRONT, FRBT=MSGI, MN=200, ASS=255;

ADD FECFG: MN=132, IP="10.26.102.13", MSK="255.255.255.0", DGW="10.26.102.1", SO=AD-1;

ADD CDBFUNC: CDPM=102, FCF=LOC-1&TK-1&MGWR-1&BWLIST-1&IPN-1&DISP-1&SPDNC-1&RACF-1&UC-1&KS-1&PRESEL-1,CONFIRM=Y;

SET OFI: OFN="bjxx", LOT=CMPX, NN=YES, SN1=NAT, SN2=NAT, SN3=NAT, SN4=NAT, NPC="123456", TMZ=0, SGCR=NO;

ADD DMAP: PROTYPE=MGCP, DMAPIDX=0, PARTIDX=0, DMAP="[2-8]xxxxxx|13xxxxxxxxx| 0xxxxxxxxx|9xxxx|1[0124-9]x|*|#|x.#|[0-9*#].T";

ADD DMAP: PROTYPE=H248, DMAPIDX=0, PARTIDX=0, DMAP="[2-8]xxxxxx|13xxxxxxxxx| 0xxxxxxxxx|9xxxx|1[0124-9]x|E|F|x.F|[0-9].L";

ADD LDNSET: LP=5, NC=K'86, AC=K'10, DGMAPIDX=0, MDGMAPIDX=0;

ADD CALLSRC: CSC=12, LP=5, RSSC=12, FSC=12;

ADD CALLSRC: CSC=62, LP=5, RSSC=62, FSC=62;

ADD CALLSRC: CSC=63, LP=5, RSSC=63, FSC=63;

ADD CALLSRC: CSC=64, LP=5, RSSC=64, FSC=64;

ADD CHGANA: CHA=0, BNS=5;

MOD CHGMODE: CHA=0, TA1="180", PA1=1, TB1="60", PB1=1;

ADD CHGIDX: CHSC=12, RCHS=12, LOAD=ALL, BT=ALLBT, CODEC=ALL, CHA=0;

ADD CHGIDX: CHSC=12, RCHS=62, LOAD=ALL, BT=ALLBT, CODEC=ALL, CHA=0;

ADD CHGIDX: CHSC=12, RCHS=63, LOAD=ALL, BT=ALLBT, CODEC=ALL, CHA=0;

ADD CHGIDX: CHSC=12, RCHS=64, LOAD=ALL, BT=ALLBT, CODEC=ALL, CHA=0;

ADD CHGIDX: CHSC=62, RCHS=12, LOAD=ALL, BT=ALLBT, CODEC=ALL, CHA=0;

ADD CHGIDX: CHSC=63, RCHS=12, LOAD=ALL, BT=ALLBT, CODEC=ALL, CHA=0;

ADD CHGIDX: CHSC=64, RCHS=12, LOAD=ALL, BT=ALLBT, CODEC=ALL, CHA=0;

3. 基础数据配置脚本

ADD SHF: SHN=0, ZN=0, RN=0, CN=0;

ADD FRM: FN=0, SHN=0, PN=2;

ADD BRD: FN=0, SLN=0, LOC=FRONT, FRBT=IFMI, MN=132, ASS=255;

ADD BRD: FN=0, SLN=1, LOC=FRONT, FRBT=IFMI, MN=133, ASS=255;

ADD BRD: FN=0, SLN=13, LOC=FRONT, FRBT=IFMI, MN=134, ASS=255;

ADD BRD: FN=0, SLN=15, LOC=FRONT, FRBT=IFMI, MN=135, ASS=255;

ADD BRD: FN=0, SLN=2, LOC=FRONT, FRBT=MRCA, MN=212, ASS=3;

ADD BRD: FN=0, SLN=4, LOC=FRONT, FRBT=FCCU, MN=22, ASS=5;

ADD BRD: FN=0, SLN=10, LOC=FRONT, FRBT=CDBI, MN=102, ASS=11;

ADD BRD: FN=0, SLN=12, LOC=FRONT, FRBT=BSGI, MN=136;

ADD BRD: FN=0, SLN=14, LOC=FRONT, FRBT=MSGI, MN=211, ASS=255;

ADD FECFG: MN=132, IP="10.26.102.13", MSK="255.255.255.0", DGW="10.26.102.1", SO=AD-1;

ADD CDBFUNC: CDPM=102, FCF=LOC-1&TK-1&MGWR-1&BWLIST-1&IPN-1&DISP-1&SPDNC-1&RACF-1&UC-1&KS-1&PRESEL-1,CONFIRM=Y;

SET OFI: OFN="bjxx", LOT=CMPX, NN=YES, SN1=NAT, SN2=NAT, SN3=NAT, SN4=NAT, NPC="333333", TMZ=0, SGCR=NO;

ADD DMAP: PROTYPE=MGCP, DMAPIDX=0, PARTIDX=0, DMAP="[2-8]xxxxxx|13xxxxxxxxx|

0xxxxxxxxx|9xxxx|1[0124-9]x|*|#|x.#|[0-9*#].T";

    ADD DMAP: PROTYPE=H248, DMAPIDX=0, PARTIDX=0, DMAP="[2-8]xxxxxx|13xxxxxxxxx|

0xxxxxxxxx|9xxxx|1[0124-9]x|E|F|x.F|[0-9].L";

    ADD LDNSET: LP=0, NC=K'86, AC=K'10, DGMAPIDX=0, MDGMAPIDX=0;

    ADD CALLSRC: CSC=1, LP=0, RSSC=1, FSC=1;

    ADD CALLSRC: CSC=62, LP=0, RSSC=62, FSC=62;

    ADD CALLSRC: CSC=63, LP=0, RSSC=63, FSC=63;

    ADD CALLSRC: CSC=64, LP=0, RSSC=64, FSC=64;

    ADD CHGANA: CHA=0, BNS=0;

    MOD CHGMODE: CHA=0, TA1="180", PA1=1, TB1="60", PB1=1;

    ADD CHGIDX: CHSC=1, RCHS=1, LOAD=ALL, BT=ALLBT, CODEC=ALL, CHA=0;

    ADD CHGIDX: CHSC=1, RCHS=62, LOAD=ALL, BT=ALLBT, CODEC=ALL, CHA=0;

    ADD CHGIDX: CHSC=1, RCHS=63, LOAD=ALL, BT=ALLBT, CODEC=ALL, CHA=0;

    ADD CHGIDX: CHSC=1, RCHS=64, LOAD=ALL, BT=ALLBT, CODEC=ALL, CHA=0;

    ADD CHGIDX: CHSC=62, RCHS=1, LOAD=ALL, BT=ALLBT, CODEC=ALL, CHA=0;

    ADD CHGIDX: CHSC=63, RCHS=1, LOAD=ALL, BT=ALLBT, CODEC=ALL, CHA=0;

    ADD CHGIDX: CHSC=64, RCHS=1, LOAD=ALL, BT=ALLBT, CODEC=ALL, CHA=0;

4．CC08 交换机配置脚本

    SET CWSON: SWT=OFF,CONFIRM=Y;

    SET FMT: STS=OFF,CONFIRM=Y;

    MOD SFP: ID=P59, VAL="1",CONFIRM=Y;

    MOD SFP: ID=P64, VAL="0",CONFIRM=Y;

    MOD SFP: ID=P26, VAL="fff7",CONFIRM=Y;

    ADD SGLMDU: CKTP=NET, PE=FALSE, DE=FALSE, DW=TRUE, PW=TRUE, CONFIRM=Y;

    SET OFI: LOT=CMPX, NN=TRUE, SN1=NAT, SN2=NAT, SN3=NAT, SN4=NAT, NNC="222222", NNS=SP24, SCCP=NONE, TADT=0, STP=FALSE, LAC=K'21, LNC=K'86, CONFIRM=Y;

    ADD CFB: MN=1, F=0, LN=1, PNM=" ", PN=1, ROW=1, COL=1,CONFIRM=Y;

    ADD DTFB:MN=1,F=2,LN=1,PNM=" ",PN=1,ROW=1, COL=1,BT=BP3, N1=0, N2=1, N3=2, N4=3, N5=4, N6=5, N7=6, N8=7,N9=255,HW1=34, HW2=35,HW3=32,HW4=33, HW5=30, HW6=31,HW7=28,HW8=29,HW9=26,HW10=27,HW11=24,HW12=25,HW13=22,HW14=23,HW15 =20,HW16=21,HW17=255, CONFIRM=Y;

    ADD USF32: MN=1, F=3, LN=0, PNM=" ", PN=1, ROW=0, COL=0, TSN=3, N1=9, N2=13, HW1=12, HW2=13, HW3=255, BRDTP=ASL32,CONFIRM=Y;

    RMV BRD: MN=1, F=0, S=2;

    RMV BRD: MN=1, F=0, S=3;

    RMV BRD: MN=1, F=0, S=4;

    RMV BRD: MN=1, F=0, S=5;

    RMV BRD: MN=1, F=0, S=6;

    RMV BRD: MN=1, F=0, S=8;

RMV BRD: MN=1, F=0, S=9;
RMV BRD: MN=1, F=0, S=10;
RMV BRD: MN=1, F=0, S=13;
RMV BRD: MN=1, F=0, S=14;
RMV BRD: MN=1, F=0, S=15;
RMV BRD: MN=1, F=0, S=16;
RMV BRD: MN=1, F=0, S=17;
RMV BRD: MN=1, F=0, S=18;
RMV BRD: MN=1, F=0, S=19;
RMV BRD: MN=1, F=0, S=20;
RMV BRD: MN=1, F=0, S=21;
RMV BRD: MN=1, F=0, S=22;
RMV BRD: MN=1, F=0, S=23;
RMV BRD: MN=1, F=1, S=21;
RMV BRD: MN=1, F=1, S=22;
RMV BRD: MN=1, F=1, S=20;
RMV BRD: MN=1, F=1, S=19;
RMV BRD: MN=1, F=1, S=18;
RMV BRD: MN=1, F=1, S=16;
RMV BRD: MN=1, F=1, S=15;
RMV BRD: MN=1, F=1, S=14;
RMV BRD: MN=1, F=1, S=13;
RMV BRD: MN=1, F=1, S=8;
RMV BRD: MN=1, F=1, S=7;
RMV BRD: MN=1, F=1, S=6;
RMV BRD: MN=1, F=1, S=17;
RMV BRD: MN=1, F=2, S=2;
RMV BRD: MN=1, F=2, S=4;
RMV BRD: MN=1, F=2, S=5;
RMV BRD: MN=1, F=2, S=6;
RMV BRD: MN=1, F=2, S=7;
RMV BRD: MN=1, F=2, S=8;
RMV BRD: MN=1, F=2, S=9;
RMV BRD: MN=1, F=2, S=10;
RMV BRD: MN=1, F=2, S=11;
RMV BRD: MN=1, F=2, S=12;
RMV BRD: MN=1, F=2, S=13;
RMV BRD: MN=1, F=2, S=14;
RMV BRD: MN=1, F=2, S=15;

RMV BRD: MN=1, F=2, S=16;

RMV BRD: MN=1, F=2, S=17;

RMV BRD: MN=1, F=2, S=18;

RMV BRD: MN=1, F=2, S=19;

RMV BRD: MN=1, F=2, S=20;

RMV BRD: MN=1, F=2, S=21;

RMV BRD: MN=1, F=2, S=22;

RMV BRD: MN=1, F=2, S=23;

RMV BRD: MN=1, F=3, S=22;

RMV BRD: MN=1, F=3, S=21;

RMV BRD: MN=1, F=3, S=20;

RMV BRD: MN=1, F=3, S=19;

RMV BRD: MN=1, F=3, S=18;

RMV BRD: MN=1, F=3, S=17;

RMV BRD: MN=1, F=3, S=16;

RMV BRD: MN=1, F=3, S=15;

RMV BRD: MN=1, F=3, S=14;

RMV BRD: MN=1, F=3, S=11;

RMV BRD: MN=1, F=3, S=10;

RMV BRD: MN=1, F=3, S=9;

RMV BRD: MN=1, F=3, S=8;

RMV BRD: MN=1, F=3, S=7;

RMV BRD: MN=1, F=3, S=6;

RMV BRD: MN=1, F=3, S=5;

RMV BRD: MN=1, F=3, S=3;

ADD BRD: MN=1, F=3, S=5, BT=DSL;

ADD BRD: MN=1, F=3, S=3, BT=DSL;

ADD BRD: MN=1, F=1, S=17, BT=LPN7;

ADD BRD: MN=1, F=2, S=2, BT=ISUP;

ADD CHGANA: CHA=1, CHO=NOCENACC, PAY=CALLER, CHGT=ALL, MID=METER1, CONFIRM=Y;

MOD CHGMODE: CHA=1, DAT=NORMAL, TS1="00&00", TA1=180, PA1=1, TB1=60, PB1=1, TS2="00&00",CONFIRM=Y;

ADD CHGIDX: CHSC=1, RCHS=1, LOAD=ALLSVR, CHA=1,CONFIRM=Y;

ADD CALLSRC: CSC=0, CSCNAME=" ", PRDN=0, P=0, RSSC=0,CONFIRM=Y;

ADD CNACLD: P=0, PFX=K'6664, CSTP=BASE, CSA=LCO, RSC=65535, MIDL=8, MADL=8,CONFIRM=Y;

ADD DNSEG: P=0, BEG=K'66640000, END=K'66640999,CONFIRM=Y;

ADB ST: SD=K'66640001, ED=K'66640032, P=0, DS=0, MN=1, RCHS=1, CSC=0, ICR=NTT-1,

OCR=LCO-1&NTT-1;

ADD ISDNDAT: ID=1;

ADB DSL: SD=K'66640040, P=0, MN=1, DS=32, NUM=8, STEP=2, RCS=1, CSC=0, ISDN=1, ISA=RP-1;

ADD N7DSP: DPX=1, DPN="ngn", NPC="333333",CONFIRM=Y;

ADD N7LKS: LS=1, LSN="ngn", APX=1,CONFIRM=Y;

ADD N7RT: RN="ngn", LS=1, DPX=1,CONFIRM=Y;

ADD N7LNK: MN=1, LK=4, LKN="ngn-1", SDF=SDF2, NDF=NDF2, C=16, LS=1, SLC=2, SSLC=2,CONFIRM=Y;

ADD OFC: O=1, DOT=CMPX, DOL=SAME, NI=NAT, DPC="333333",CONFIRM=Y;

ADD SRT: SR=1, DOM=1, SRT=OFC, MN1=1,CONFIRM=Y;

ADD N7TG: MN=1, TG=1, SRC=1, CT=ISUP,CONFIRM=Y;

ADD RT: R=1, SR1=1,CONFIRM=Y;

ADD RTANA: RSC=1, RSSC=0, RUT=ALL, ADI=ALL, CLRIN=ALL, TRAP=ALL, TMX=0, R=1,CONFIRM=Y;

ADD N7TKC: TG=1, SC=0, EC=31, SCIC=0, SCF=TRUE,CONFIRM=Y;

ADD CNACLD: PFX=K'010, CSA=NTT, RSC=1, MIDL=11, MADL=11, CHSC=1, CONFIRM=Y;

ADD CNACLD: PFX=K'021, CSA=NTT, RSC=1, MIDL=11, MADL=11, CHSC=1, CONFIRM=Y;

ADD DNC: DCX=1, DCT=DEL, DCL=3, DAI=UDN,CONFIRM=Y;

ADD PFXPRO: PFX=K'021, CSC=0, DDC=TRUE, DDCX=1, RAF=TRUE, CONFIRM=Y;

SET SMSTAT: MN=1, STAT=ACT,CONFIRM=Y;

SET FMT: STS=ON,CONFIRM=Y;

FMT ALL:CONFIRM=Y;

参 考 文 献

[1] 王可，苏红艳. 软交换设备配置与维护[M]. 北京:机械工业出版社，2013.

[2] 桂海源，张碧玲. 软交换与 NGN[M]. 北京:人民邮电出版社，2009.

[3] 中兴通信学院. 对话多媒体通信[M]. 北京:人民邮电出版社，2010.

[4] 中兴通信学院. 对话下一代网络[M]. 北京:人民邮电出版社，2010.

[5] 中兴通信学院. 对话网络融合[M]. 北京:人民邮电出版社，2010.

[6] 软交换与固网智能化系列丛书编写组. 华为软交换系统维护指南[M]. 北京:人民邮电出版社，2008.

[7] 杨放春，孙其博. 软交换与 IMS 技术[M]. 北京:北京邮电大学出版社，2006.